Գործնական աշխատանք

Eureka Math
1-ին դասարանի գիտելիքների ստուգման մոդուլներ 1–3

Great Minds PBC is the creator of Eureka Math®,
Wit & Wisdom®, Alexandria PlanTM, and PhD ScienceTM.

Published by Great Minds PBC. greatminds.org

Copyright © 2020 Great Minds PBC. All rights reserved. No part of this work may be reproduced or used in any form or by any means—graphic, electronic, or mechanical, including photocopying or information storage and retrieval systems—without written permission from the copyright holder.

ISBN 978-1-64929-163-9

1 2 3 4 5 6 7 8 9 10 XXX 25 24 23 22 21 20

Printed in the USA

Ուսուցում ♦ Պրակտիկա ♦ Արդյունք

«Eureka Math»-ի® «A Story of Units»® աշակերտների համար նյութերը (K–5) հասանելի են *Ուսուցում, Գործնական աշխատանք, Արդյունք* եռյակում: Այս շարքը նպաստում է, որպեսզի նյութերը լինեն տարբերակմանը և շտկված՝ միևնույն կանոնակարգված և հասանելի: Ուսուցիչները կբացահայտեն, որ *«Ուսուցում, Գործնական աշխատանք և Արդյունք»* շարքը առաջարկում է նաև համապարփակ և, հետևաբար, ավելի արդյունավետ եղանակ՝ Անհատական մոտեցման ցուցաբերման, լրացուցիչ աշխատանքների և ամառային ուսուցման կազմակերպման համար:

Ուսուցում

«Eureka Math-ի Ուսուցում» բաժինը ծառայում է որպես աշակերտի սովորելու ուղեցույց, որը բացահայտում է նրա մտածողությունը, գիտելիքները և ամեն օր զարգացնում դրանք: *«Ուսուցում» բաժնում* ներառված ամենօրյա դասարանային աշխատանքները՝ գործնական խնդիրները, գնահատման տոմսակները, խնդիրները, ձևանմուշները, ներկայացված են դյուրահաս ձևով և ծավալով:

Գործնական աշխատանք

Յուրաքանչյուր «*Eureka Math»-ի դաս* սկսվում է մի շարք ակտիվ, իմացության ստուգման ուրախ վարժություններով՝ այդ թվում *«Eureka Math Պրակտիկա» բաժնում ներառված:* Այն աշակերտները, ովքեր ավելի շատ գիտելիքներ ունեն մաթեմատիկայից, կարող են ավելի շատ նյութ յուրացնել առավել խորությամբ: «Փորձ» բաժնում աշակերտները զարգացնում են նոր ձեռք բերված գիտելիքի կիրառման հմտությունները և ամրապնդում են նախորդ դասը՝ նախապատրաստվելով հաջորդին:

«Ուսուցում» և *«Պրակտիկա»* բաժինները միասին աշակերտներին տրամադրում են տպագիր բոլոր նյութերը, որոնք նրանք կօգտագործեն մաթեմատիկայի հիմնական դասընթացի համար:

Արդյունք

«Eureka Math-ի Արդյունք» բաժինը աշակերտներին հնարավորություն է տալիս ինքնուրույն վարպետանալ: Լրացուցիչ խնդիրները համահունչ են դասի նյութին և հարմար են որպես տնային կամ լրացուցիչ աշխատանք հանձնարարելու համար: Խնդիրներն ուղեկցվում են «Տնային աշխատանքի օգնականով», որն իրենից ներկայացնում է խնդիրների լուծման օրինակներ՝ ցույց տալով, թե ինչպես պետք է լուծել նմանատիպ խնդիրները:

Ուսուցիչներն ու դասավանդողները կարող են օգտագործել նախորդ մակարդակների *«Արդյունք» բաժնի* դասագիրքը՝ որպես ուսուցման ծրագրի մաս՝ հիմնարար գիտելիքների բացը լրացնելու համար: Աշակերտներն ավելի արագ կընկալեն ու կյուրացնեն, քանի որ ծանոթ նյութի կրկնությունը դյուրացնում է ընթացիկ մակարդակի բովանդակության կապի ստեղծումը նախորդի հետ:

EUREKA MATH®

Աշակերտներ, ընտանիքի անդամներ և դասավանդողներ,

Շնորհակալություն *Eureka Math*® թիմի անդամ դառնալու համար. այստեղ մենք վայելում ենք մաթեմատիկայի պարգևած ուրախությունը, բերկրանքը և սուր զգացմունքները: Մեր ոգևորությունն ամենացայտուն կերպով երևում է *«Eureka Math-ի Պրակտիկա» բաժնում առաջադրված վարժություններում*:

Ի՞նչ է նշանակում սահուն տիրապետել մաթեմատիկային:

Ձեզ կարող է թվալ, թե *սահուն* տիրապետելը վերաբերում է խոսքի արվեստին, երբ կարողանում են սահուն խոսել և գրել: Մինչև 5-րդ աստիճանը նախադպրոցական տարիքի համար նախատեսված *«Eureka Math»-ի* ուսուցման ծրագիրն առաջարկում է *մաթեմատիկական գիտելիքները զարգացնելու ամենօրյա տարաբնույթ վարժություններ*: Յուրաքանչյուր դասընթաց մշակվել է նույն սկզբունքով՝ զարգացնել աշակերտի մաթեմատիկական *մտածողությունը:* Ուսուցողական վարժությունները, որպես կանոն, արագ և աշխույժ են ընթանում՝ զարգացնելով աշակերտի ճանաչողական հմտությունները՝ դասավանդվող նյութի հիման վրա: Դրանք չեն գնահատվում:

«Eureka Math»-ի ուսուցողական վարժությունները տարաբնույթ առաջադրանքներ են առաջարկում տարբեր ձևաչափերով: Որոշ վարժություններ բանավոր են անցկացվում, որոշները զարգացնում են միտքը, կան այնպիսիք, որ նախատեսված են անձնական սպիտակ գրատախտակներին գրելու համար, կան թուղթ ու մատիտով գրվող ձեռագիր վարժություններ: *«Eureka Math-ի Պրակտիկա»* բաժինը յուրաքանչյուր աշակերտի տրամադրում է տպագիր ուսուցողական վարժություններ՝ ըստ աստիճանի և գիտելիքի մակարդակի:

Ի՞նչ է Սպրինտը:

Շատ տպագիր ուսուցողական վարժություններ ունեն Սպրինտ ձևաչափը: Այս վարժությունները արագություն և ուշադրություն են զարգացնում աշակերտի մոտ իր արդեն ձեռք բերած հմտությունների հետ միասին: Երբ աշակերտներն արդեն բավականաչափ գիտելիքներ են ձեռք բերում, Սպրինտ վարժությունների օգնությամբ նրանց մոտ զարգանում է իրենց յուրացրածը կիրառելու արագությունը, ինչը հանգեցնում է ադրենալինի բարձրացմանը և հիշողության բարելավմանը: Սպրինտ վարժությունները տարբերվում են իրենց հատուկ կառուցվածքով. խնդիրները կազմված են պարզից բարդ սկզբունքով, որտեղ խնդիրների առաջին քառյակն ամենապարզն է, իսկ յուրաքանչյուր հաջորդ քառյակի բարդության աստիճանն ավելանում է: Խնդիրների հաջորդականության հատուկ կառուցվածքը զարգացնում է աշակերտի մտածական հմտությունները:

Ըստ Սպրինտ վարժությունների առաջարկվող ձևաչափի՝ աշակերտները պետք է կատարեն նույն յուրացրած նյութի երկու հաջորդական Սպրինտ վարժություններ (որոնք նշված են A և B), որոնց համար տրվում է 1 րոպե ժամանակ: Աշակերտները սպրինտների դադարի ընթացքում կրկնում են այն, ինչ արդեն անցել էին առաջին սպրինտի ընթացքում աշխատելիս: Նկատելով առաջադրանքները հաճախ ապահովում են բնական խթան իրենց կատարմանը երկրորդ սպրինտի ընթացքում:

Սպրինտները կարող են անցկացվել նաև անժամանակյա պրոտոկոլով: Անժամանակյա պրոտոկոլը խորհուրդ է տրվում այն ընթացքում, երբ դեռ աշակերտները ձևավորում են վստահություն առաջին 4 խնդիրների բարդության մակարդակում: Սպրինտների լուծման առաջադրանքները մեկ անգամ կատարելով աշակերտները բարելավում են մտածելու արագությունն ու ուշադրությունը ժամանակ տրվող հանձնարարությունների ընթացքում, այդ իսկ պատճառով էլ նման աշխատանքները ողջունվում են և ոգևորություն առաջացնում:

Որտե՞ղ կարելի է գտնել նմանատիպ հմտացնող հանձնարարություններ:

<<Eureka Math>>-ի ուսուցման հրտարակությունը ուսուցանողների համար համարվում է վարժեցնող հանձնարարությունների ուղեցույց յուրաքնչյուր դասի համար՝ ներառյալ նաև այն նյութերը, որոնք չեն պահանջում տպագիր նյութեր: Յավելյալ, *<<Eureka>>-ի թվային հավելվածը* հասանելիություն է ապահովում հմտացնող հանձնարարություններին բոլոր տարիքային մակարդակների համար, որոնք կարելի է որոնել ըստ ստանդարտի կամ դասի:

Լավագույն մաղթանքները ուսումնական տարվա կապակցությամբ, որը հուսով ենք հարուստ կլինի «Էվրիկայի պահերով»:

Jill Diniz

Ջիլ Դինիզ

Մաթեմատիկայի բաժնի տնօրեն

Great Minds

Բովանդակություն

Մոդուլ 1

Դաս 1. Հաշվել կետերի սպրինտը 3
Դաս 2. Թվային զույգի գծիկը 5 7
Դաս 4. 1 Ավելին՝ կետերով և թվային սպրինտով 9
Դաս 5: Թափահարե՛ք սկավառակները 6 անգամ 13
Դաս 5. Թվային զույգի գծիկ 6 15
Դաս 6. Թվային զույգի գծիկ 7 17
Դաս 7. Թափահարե՛ք սկավառակները՝ 8 19
Դաս 7 Միավորների պարտատոմսերի գծիկ 8 21
Դաս 8. Թվային զույգի գծիկ 9 23
Դաս 9. Միավորների պարտատոմսերի գծիկ 10 25
Դաս 10. Թիրախային պրակտիկա 27
Դաս 15. Շարունակել հաշվել սպրինտ 29
Դաս 16. Թափահարե՛ք այս սկավառակները 7 անգամ 33
Դաս 19: +1, 2, 3 Սպրինտ 35
Դաս 25. Հասի՛ր բարձունքին 39
Դաս 28. 1-ով պակաս Սպրինտ 41
Դաս 33. Գումարման Սպրինտ 45
Դաս 34. *n* – 0 և *n* – 1 Սպրինտ 49
Դաս 35. *n* – *n*, *n* – (*n* – 1) Սպրտին 53
Դաս 36. Տաս անգամ 57
Դաս 37. Ընկերներ դեպի 10 Սպրինտ 59
Դաս 39. Մեկից տասը թվային սպրինտի տարբաժանում 63

Մոդուլ 2

Դաս 4. Ավելացրե՛ք երեք թվային սպրինտ 69
Դաս 8. 9 + *n* 10 սպրինտի կազմման օգտագործում 73
Դաս 11. Տաս սպրինտի գումարում 77
Դաս 12. 5-խմբից բաղկացած տողի ներդիր 81

Դաս 14. Հանում 10 սպրինտի շրջանակում . . . 83
Դաս 17. Հանե՛ք 9 Սպրինտ . . . 87
Դաս 18. Թվային ճանապարհ 1–20 . . . 91
Դաս 20. Հանե՛ք 8 Սպրինտ . . . 93
Դաս 21. Հանե՛ք 7, 8, 9 Սպրինտ . . . 97
Դաս 22. Բացակայող գումարելի 10 սպրինտի շրջանակում . . . 101
Դաս 23. Բացակայող գումարելի 10 սպրինտի շրջանակում . . . 105
Դաս 24. Բացակայող քանակական թվական 10 սպրինտի շրջանակում . . . 109
Դաս 25. Դարձրե՛ք հավասար սպրինտ . . . 113
Դաս 27. 10 ավելի և 10 պակաս սպրինտ . . . 117
Դաս 28. Գումարում մեկից տասը թվային սպրինտ բաժանելով . . . 121

Մոդուլ 3

Դաս 1. Մեկերի հանում մեկից տասը թվային սպրինտից . . . 127
Դաս 3. Մեկից տասը թվային և մեկերի սպրինտի գումարում և հանում . . . 131
Դաս 5. Հանում 20 սպրինտի շրջանակում . . . 135
Դաս 7. Գումարում 20 սպրինտի շրջանակում . . . 139
Դաս 9. Գումարում 20 սպրինտի շրջանակում . . . 143
Դաս 11. Հանում 20 սպրինտի շրջանակում . . . 147
Դաս 13. Ավելացնել երեք թվերի սպրինտ . . . 151

1-ին Դասարան, Մոդուլ 1

ԲԱԺԻՆՆԵՐԻ ՊԱՏՄՈՒԹՅՈՒՆ Դաս 1 Սպրինտ 1•1

Ա

ճիշտ թիվը.

Անուն ______________________ Ամսաթիվ ____________

Գրե՛ք կետերի թիվը: Գտե՛ք 1 կամ 2 խումբ, որոնք հեշտացնում են կետերի ընդանուր թիվը գտնելը:

1.	●●		16.	●●●●● ●●●●	
2.	●●●		17.	●●●●● ●●●	
3.	●●●●		18.	●●●●● ●●●●●	
4.	●●●		19.	●●●●● ●●	
5.	●		20.	●●●●● ●	
6.	●●●●		21.	●●●●● ●●●●	
7.	●●●●●		22.	●●●●● ●●●●●	
8.	●●●●		23.	●●●● ●●●●●	
9.	●●●●● ●		24.	●●●●● ●●●	
10.	●●●●● ●●		25.	●●● ●● ●●●●●	
11.	●●●●●		26.	●●●●● ●●	
12.	●●●●		27.	●●● ●● ●● ●●●	
13.	●●●●● ●		28.	●● ●● ● ●● ●●	
14.	●●●●● ●●●		29.	●● ●●● ● ●●	
15.	●●●●● ●●		30.	●● ● ●● ●● ● ●●	

Դաս 1: Վերլուծե՛ք և նկարագրե՛ք զետեղված թվերը (մինչև 10)՝ կիրառելով 5-ական խմբեր և թվային զույգեր:

Copyright © Great Minds PBC

ԲԱԺԻՆՆԵՐԻ ՊԱՏՄՈՒԹՅՈՒՆ Դաս 1 Սպրինտ 1•1

B

Ճիշտ թիվը.

Անուն ______________________ Ամսաթիվ ______________

Գրե՛ք կետերի թիվը: Գտե՛ք 1 կամ 2 խումբ, որոնք հեշտացնում են կետերի ընդհանուր թիվը գտնելը:

1.	●		16.	●●●●● ●●●	
2.	●●		17.	●●●●● ●●●●	
3.	●		18.	●●●●● ●●	
4.	●●●●		19.	●●●●● ●●●	
5.	●●●		20.	●●●●● ●●●●●	
6.	●●●●●		21.	●●●●● ●●●●	
7.	●●●●		22.	●●●●● ●●●●●	
8.	●●●●●		23.	● ●●●● ●●●●●	
9.	●●●●● ●●		24.	●●●●● ●●●●●	
10.	●●●●● ●		25.	●● ●●●●●	
11.	●●●●● ●●●		26.	●●● ● ●● ●●	
12.	●●●●● ●		27.	●● ●●● ●●● ●●	
13.	●●●●●		28.	●● ● ● ● ●● ●●	
14.	●●●●● ●●		29.	●● ●● ● ●● ●●	
15.	●●●●● ●		30.	●● ● ●●●● ●●	

Դաս 1: Վերլուծե՛ք և նկարագրե՛ք զետեղված թվերը (մինչև 10)՝ կիրառելով 5-ական խմբեր և թվային զույգեր:

5

ԲԱԺԻՆՆԵՐԻ ՊԱՏՄՈՒԹՅՈՒՆ   Դաս 2 Գիտելիքների ստուգման ձևանմուշ   1•1

Անուն _____   Ամսաթիվ _____

Թվային զույգի գումար

Հնարավորինս շատ արա 90 վայրկյանում: Գրե՛ք, թե քանի զույգ եք ավարտել այստեղ:

1. 5 / 4, ☐
2. 5 / 5, ☐
3. 5 / 4, ☐
4. 5 / 3, ☐
5. 5 / 4, ☐

6. 5 / ☐, 3
7. 5 / ☐, 2
8. 5 / ☐, 4
9. 5 / ☐, 1
10. 5 / ☐, 2

11. 5 / 0, ☐
12. 5 / 1, ☐
13. 5 / 2, ☐
14. 5 / 3, ☐
15. 5 / 4, ☐

16. 5 / ☐, 5
17. 5 / ☐, 4
18. 5 / ☐, 3
19. 5 / ☐, 2
20. 5 / ☐, 1

21. 5 / 5, ☐
22. 5 / 0, ☐
23. 5 / 1, ☐
24. 5 / 3, ☐
25. 5 / 2, ☐

Թվային զույգի գումարը՝ 5

ԲԱԺԻՆՆԵՐԻ ՊԱՏՄՈՒԹՅՈՒՆ Դաս 4 Սպրինտ 1•1

A

Ճիշտ թիվը.

Անուն ______________________________ Ամսաթիվ ______________

Գրե՛ք այն թիվը, որը **1**-ով ավելի է:

1.	●●●		16.	●●●●● ●●●●	
2.	●●		17.	9	
3.	●●●		18.	7	
4.	●●●●		19.	●●●●● ●●	
5.	●●●●●		20.	8	
6.	●●●●● ●		21.	7	
7.	●●●●●		22.	●●●●● ●●●	
8.	5		23.	●●●●● ●●●●	
9.	●●●●● ●●		24.	10	
10.	6		25.	●●●●● ●●●●●	
11.	●●●●● ●		26.	●●●●● ●●●	
12.	7		27.	●● ●● ●● ●●	
13.	●●●●● ●●		28.	9	
14.	●●●●● ●●●		29.	●●● ●●● ●●●	
15.	8		30.	●●● ●●● ●●● ●●●	

Դաս 4: Ներկայացրեք իրավիճակներ թվային զույգերով: Հաշվե՛ք մեկ զետեղված թվից կամ մասից մինչև ընդամենը 6 և 7, և ձևավորե՛ք բոլոր գումարման արտահայտությունները յուրաքանչյուրի համար՝ ընդհանուր:

ԲԱԺԻՆՆԵՐԻ ՊԱՏՄՈՒԹՅՈՒՆ Դաս 4 Սպրինտ 1•1

B

Ճիշտ թիվը.

Անուն ______________________ Ամսաթիվ ______________

Գրե՛ք այն թիվը, որը 1-ով ավելի է:

1.	●●		16.	●●●●● ●●●	
2.	●		17.	8	
3.	●●		18.	9	
4.	●●●		19.	●●●●● ●●●●	
5.	●●●●		20.	●●●●● ●●●●●	
6.	●●●●●		21.	10	
7.	●●●●		22.	●●●●● ●●●	
8.	4		23.	●●●●● ●●●●	
9.	●●●●●		24.	10	
10.	5		25.	●●●●● ●●●●	
11.	●●●●●		26.	●● ●● ● ●● ●●	
12.	7		27.	●● ●● ●● ●●	
13.	●●●●● ●●		28.	8	
14.	●●●●● ●		29.	●● ●● ●● ●●●	
15.	6		30.	●●● ●●●● ●● ●●●●	

EUREKA MATH

Դաս 4: Ներկայացրեք իրավիճակներ թվային զույգերով: Հաշվե՛ք մեկ զետեղված թվից կամ մասից մինչև ընդամենը 6 և 7, և ձևավորե՛ք բոլոր գումարման արտահայտությունները յուրաքանչյուրի համար՝ ընդհանուր:

11

Copyright © Great Minds PBC

ԲԱԺԻՆՆԵՐԻ ՊԱՏՄՈՒԹՅՈՒՆ   Դաս 5 Գիտելիքների ստուգման ձևանմուշ 1   1•1

6 / 0, 6	6 / 1, 5	6 / 2, 4	6 / 3, 3

_____
թափահարե՛ք այդ դիսկերը՝ 6

Դաս 5: Ներկայացրե՛ք միավորե՛ք իրավիճակներ թվային զույգերով։ Հաշվե՛ք մեկ գեղեցված թվից կամ մասից մինչև ընդամենը 6 և 7, և ձևավորե՛ք բոլոր գ ումարման արտահայտությունները լուրաքանչյուրի համար՝ ընդհանուր։

13

ԲԱԺԻՆՆԵՐԻ ՊԱՏՄՈՒԹՅՈՒՆ   Դաս 5 Գիտելիքների ստուգման ձևանմուշ 2   1•1

Անուն _____   Ամսաթիվ _____

Հնարավորինս շատ արա 90 վայրկյանում: Գրե՛ք, թե քանի զույգ եք ավարտել այստեղ

1. 6 → 6, __
2. 6 → 5, __
3. 6 → 4, __
4. 6 → 5, __
5. 6 → 6, __
6. 6 → __, 5
7. 6 → __, 4
8. 6 → __, 5
9. 6 → __, 4
10. 6 → __, 3
11. 6 → 3, __
12. 6 → 4, __
13. 6 → 2, __
14. 6 → 3, __
15. 6 → 2, __
16. 6 → __, 5
17. 6 → __, 1
18. 6 → __, 0
19. 6 → __, 1
20. 6 → __, 0
21. 6 → 1, __
22. 6 → 5, __
23. 6 → 4, __
24. 6 → 2, __
25. 6 → 3, __

թվային զույգի սկավառակները՝ 6

Դաս 5:   Ներկայացրեք իրավիճակներ թվային զույգերով: Հաշվե՛ք մեկ գետեղված թվից կամ մասից մինչև ընդամենը 6 և 7, և ձևավորե՛ք բոլոր գումարման արտահայտությունները յուրաքանչյուրի համար՝ ընդհանուր:

15

ԲԱԺԻՆՆԵՐԻ ՊԱՏՄՈՒԹՅՈՒՆ Դաս 6 Գիտելիքների ստուգման ձևանմուշ 1•1

Անուն ______________________ Ամսաթիվ __________

Հնարավորինս շատ արա 90 վայրկյանում: Գրե՛ք, թե քանի զույգ եք ավարտել այստեղ

1.	7	6	☐
2.	7	7	☐
3.	7	6	☐
4.	7	5	☐
5.	7	6	☐
6.	7	☐	7
7.	7	☐	6
8.	7	☐	5
9.	7	☐	4
10.	7	☐	3
11.	7	4	☐
12.	7	3	☐
13.	7	2	☐
14.	7	5	☐
15.	7	2	☐
16.	7	☐	6
17.	7	☐	1
18.	7	☐	0
19.	7	☐	2
20.	7	☐	5
21.	7	1	☐
22.	7	5	☐
23.	7	3	☐
24.	7	0	☐
25.	7	6	☐

____

թվային զույգի գումարը՝ 7

Դաս 6 : Ներկայացրեք իրավիճակներ թվային զույգերով: Հաշվե՛ք մեկ զետեղված թվից կամ մասից մինչև ընդամենը 8 և 9, և ձևավորե՛ք բոլոր լրացուցիչ արտահայտությունները յուրաքանչյուրը համար՝ ընդհանուր:

8 0 8	8 1 7	8 2 6	8 3 5	8 4 4

____

թափահարե՛ք այդ սկավառակները՝ 8

Դաս 7 : Ներկայացրեք իրավիճակներ թվային զույգերով: Հաշվե՛ք մեկ զետեղված թվից կամ մասից մինչև ընդամենը 8 և 9, և ձևավորե՛ք բոլոր լրացուցիչ արտահայտությունները յուրաքանչյուրը համար՝ ընդհանուր:

8	8	9	9	9

Անուն ______________________ Ամսաթիվ ____________

Հնարավորինս շատ արա 90 վայրկյանում: Գրե՛ք, թե քանի զույգ եք ավարտել այստեղ

1. 8 → 8, ___
2. 8 → 7, ___
3. 8 → 6, ___
4. 8 → 7, ___
5. 8 → 6, ___
6. 8 → ___, 5
7. 8 → ___, 6
8. 8 → ___, 5
9. 8 → ___, 4
10. 8 → ___, 3
11. 8 → 4, ___
12. 8 → 5, ___
13. 8 → 3, ___
14. 8 → 4, ___
15. 8 → 3, ___
16. 8 → ___, 6
17. 8 → ___, 2
18. 8 → ___, 6
19. 8 → ___, 5
20. 8 → ___, 3
21. 8 → 4, ___
22. 8 → 1, ___
23. 8 → 2, ___
24. 8 → 0, ___
25. 8 → 1, ___

____

թվային զույգի գումարը՝8

Դաս 7: Ներկայացրեք իրավիճակներ թվային զույգերով: Հաշվե՛ք մեկ զետեղված թվից կամ մասից մինչև ընդամենը 8 և 9, և ձևավորե՛ք բոլոր լրացուցիչ արտահայտությունները յուրաքանչյուրը համար՝ ընդհանուր:

Անուն _____   Ամսաթիվ _____

Հնարավորինս շատ արա 90 վայրկյանում: Գրե՛ք, թե քանի զույգ եք ավարտել այստեղ

1. 9 / 8, ☐
2. 9 / 7, ☐
3. 9 / 8, ☐
4. 9 / 7, ☐
5. 9 / 9, ☐

6. 9 / ☐, 6
7. 9 / ☐, 7
8. 9 / ☐, 6
9. 9 / ☐, 5
10. 9 / ☐, 4

11. 9 / 8, ☐
12. 9 / 1, ☐
13. 9 / 7, ☐
14. 9 / 2, ☐
15. 9 / 6, ☐

16. 9 / ☐, 5
17. 9 / ☐, 6
18. 9 / ☐, 7
19. 9 / ☐, 2
20. 9 / ☐, 3

21. 9 / 5, ☐
22. 9 / 1, ☐
23. 9 / 2, ☐
24. 9 / 0, ☐
25. 9 / 2, ☐

թվային զույգի գումարը՝ 9

Դաս 8: Ներկայացրե՛ք բոլոր 10 թվային զույգերը՝ նշված սցենարից, և ձևավորե՛ք բոլոր արտահայտությունները, որոնք հավասար են 10-ի:

Copyright © Great Minds PBC

ԲԱԺԻՆՆԵՐԻ ՊԱՏՄՈՒԹՅՈՒՆ   Դաս 9 Գիտելիքների ստուգման ձևանմուշ   1•1

Անուն _____   Ամսաթիվ _____

Հնարավորինս շատ արա 90 վայրկյանում: Գրե՛ք, թե քանի զույգ եք ավարտել այստեղ

1. 10 → 10, ☐
2. 10 → 9, ☐
3. 10 → 8, ☐
4. 10 → 9, ☐
5. 10 → 10, ☐

6. 10 → ☐, 9
7. 10 → ☐, 8
8. 10 → ☐, 7
9. 10 → ☐, 8
10. 10 → ☐, 7

11. 10 → 6, ☐
12. 10 → 7, ☐
13. 10 → 6, ☐
14. 10 → 5, ☐
15. 10 → 4, ☐

16. 10 → ☐, 6
17. 10 → ☐, 4
18. 10 → ☐, 3
19. 10 → ☐, 4
20. 10 → ☐, 3

21. 10 → 0, ☐
22. 10 → 1, ☐
23. 10 → 2, ☐
24. 10 → 4, ☐
25. 10 → 2, ☐

_____
Թվային զույգի գումարը՝ 10

Դաս 9: Լուծե՛ք անհայտ արդյունքով գումարման խնդիրները և դրանք համապատասխանացրե՛ք անհայտ արդյունքով մաթեմատիկական պատմությունների հետ՝ նկարելով, գրելով հավասարումներ և կատարելով լուծումների պնդումներ:

Copyright © Great Minds PBC

ԲԱԺԻՆՆԵՐԻ ՊԱՏՄՈՒԹՅՈՒՆ　　Դաս 10 Գիտելիքների ստուգման ձևանմուշ　1•1

Նպատակային թիվը՝

Նպատակային պրակտիկա

Ընտրե՛ք *թիվ՝ 6--ից 10-ը* և գրեք շրջանակի կենտրոնում՝ էջի վերևի մասում։ Զառ գցե՛ք։ Գրե՛ք ստացված թիվը շրջանակում սլաքներից մեկի ծայրին։ Այնուհետև գրե՛ք թիվ՝ մյուս շրջանը լրացնելով։

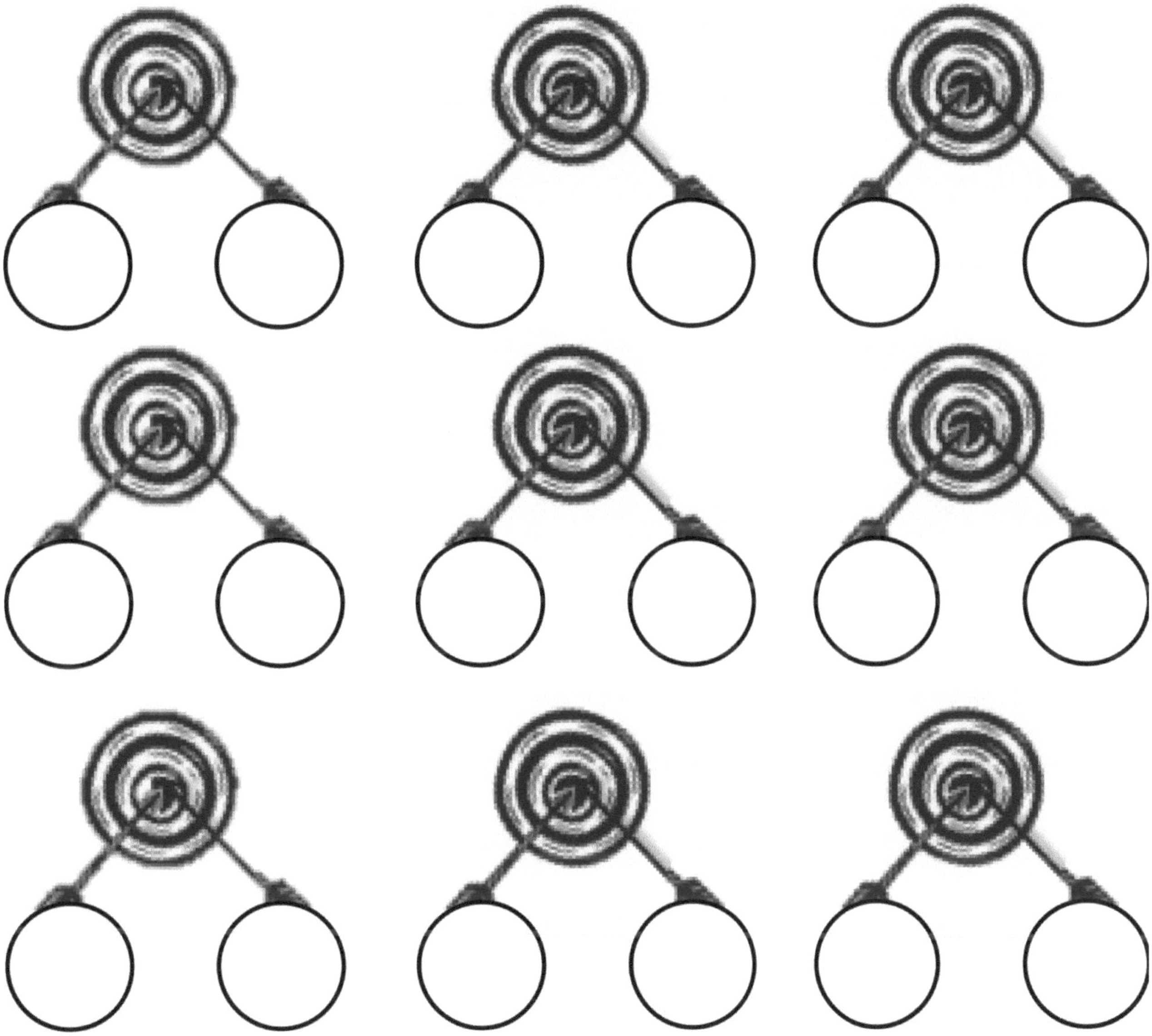

թիրախային պրակտիկա

Դաս 10: Լուծե՛ք անհայտ արդյունքով գումարման խնդիրները և դրանք համապատասխանացրե՛ք անհայտ արդյունքով մաթեմատիկական պատմությունների հետ՝ նկարելով և օգտագործելով 5-խմբանի քարտեր։

| ԲԱԺԻՆՆԵՐԻ ՊԱՏՄՈՒԹՅՈՒՆ | Դաս 15 Սպրինտ | 1•1 |

A

Ճիշտ թիվը.

Անուն _____ Ամսաթիվ _____

*Շարունակե՛ք հաշվել՝ գումարելով։ Գրե՛ք թիվը։

1.	1 + 1		16.	4 + 3	
2.	2 + 1		17.	5 + 3	
3.	3 + 1		18.	7 + 3	
4.	3 + 2		19.	7 + 2	
5.	1 + 2		20.	8 + 2	
6.	2 + 2		21.	6 + 2	
7.	2 + 3		22.	6 + 1	
8.	2 + 1		23.	6 + 1	
9.	2 + 2		24.	6 + 2	
10.	3 + 2		25.	7 + 2	
11.	5 + 2		26.	8 + 2	
12.	8 + 2		27.	2 + 8	
13.	8 + 1		28.	2 + 6	
14.	7 + 1		29.	3 + 6	
15.	9 + 1		30.	4 + 5	

EUREKA MATH

Դաս 15: Հաշվե՛ք մինչև ևս 3՝ օգտագործելով թիվ և 5-խմբային քարտեր և մատներ՝ փոփոխություններին հետևելու համար։

ԲԱԺԻՆՆԵՐԻ ՊԱՏՄՈՒԹՅՈՒՆ Դաս 15 Սպրինտ 1•1

B

Ճիշտ թիվը.

Անուն ______________________________ Ամսաթիվ ________________

*Շարունակե՛ք հաշվել՝ գումարելով: Գրե՛ք թիվը:

1.	1 + 1 ● ●		16.	4 + 2 ●●	
2.	2 + 2 ●● ●●		17.	3 + 2 ●●	
3.	3 + 2 ●●● ●●		18.	5 + 2 ●●	
4.	2 + 2 ●● ●●		19.	7 + 2 ●●	
5.	2 + 1 ●● ●		20.	7 + 3 ●●●	
6.	3 + 1 ●●● ●		21.	6 + 3 ●●●	
7.	3 + 2 ●●● ●●		22.	6 + 2 ●●	
8.	3 + 2 ●●		23.	6 + 2	
9.	2 + 2 ●●		24.	5 + 2	
10.	4 + 2 ●●		25.	7 + 2	
11.	1 + 2 ●●		26.	6 + 2	
12.	2 + 1 ●		27.	2 + 6	
13.	3 + 1 ●		28.	2 + 7	
14.	5 + 1 ●		29.	3 + 7	
15.	7 + 1 ●		30.	4 + 7	

EUREKA MATH

Դաս 15: Հաշվե՛ք մինչև 3՝ օգտագործելով թիվ և 5-խմբային քարտեր և մատներ՝ փոփոխություններին հետևելու համար:

Copyright © Great Minds PBC

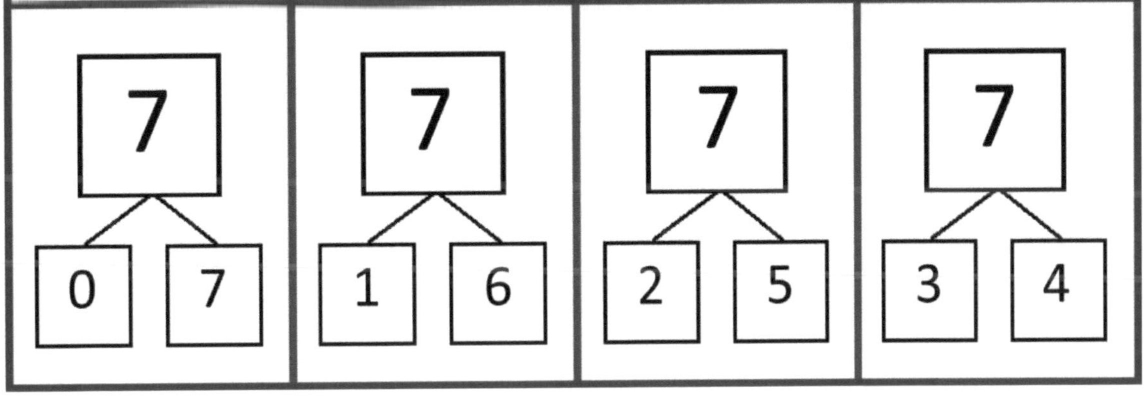

ԲԱԺԻՆՆԵՐԻ ՊԱՏՄՈՒԹՅՈՒՆ   Դաս 16 Գրտելիքների ստուգման ձևանմուշ   1•1

7 0 7	7 1 6	7 2 5	7 3 4

_____

թափահարե՛ք այս սկավառկները՝ 7

Դաս 16 : Շարունակե՛ք հաշվել՝ գտնելու համար անհայտ մասը գումարման հավասարման մեջ, օրինակ՝ 6 + __ = 9: Պատասխանե՛ք, «Որքա՞ն պետք է ավելացնել՝ ստանալու համար 6, 7, 8, 9 և 10»:

33

ԲԱԺԻՆՆԵՐԻ ՊԱՏՄՈՒԹՅՈՒՆ Դաս 19 Սպրինտ 1•1

A

Ճիշտ թիվը.

Անուն ______________________ Ամսաթիվ ______________

*Շարունակե՛ք հաշվել՝ գումարելով:

1.	1 + 1		16.	4 + 3	
2.	2 + 1		17.	3 + 3	
3.	3 + 1		18.	4 + 3	
4.	3 + 2		19.	3 + 4	
5.	2 + 2		20.	2 + 4	
6.	3 + 2		21.	4 + 2	
7.	2 + 2		22.	5 + 2	
8.	3 + 0		23.	2 + 5	
9.	3 + 1		24.	2 + 6	
10.	3 + 2		25.	6 + 3	
11.	5 + 2		26.	3 + 6	
12.	5 + 3		27.	2 + 7	
13.	5 + 2		28.	3 + 7	
14.	5 + 3		29.	2 + 8	
15.	6 + 3		30.	3 + 6	

1.	1 + 1		16.	4 + 3	
2.	1 − 2		17.	3 + 3	
3.	3 + 1		18.	4 + 3	
4.	3 + 2		19.	3 + 4	
5.	2		20.	2 + 4	
6.	3 + 2		21.	4 + 2	
7.	2 + 2		22.	5 + 2	
8.	2 − 0		23.	2 + 5	
9.	5 + 1		24.	2 − 5	
10.	3 + 2		25.	6 + 3	
11.	5 + 2		26.	3 + 6	
12.	6 + 3		27.	2 + 7	
13.	6 + 2		28.	3 − 7	
14.	5 + 3		29.	2 + 8	
15.	6 + 3		30.	3 + 6	

ԲԱԺԻՆՆԵՐԻ ՊԱՏՄՈՒԹՅՈՒՆ Դաս 19 Սպրինտ 1•1

B

Ճիշտ թիվը.

Անուն ______________________ Ամսաթիվ ____________

*Շարունակե՛ք հաշվել՝ գումարելով:

1.	2 + 1		16.	4 + 3	
2.	1 + 1		17.	3 + 3	
3.	2 + 1		18.	2 + 3	
4.	2 + 2		19.	1 + 3	
5.	3 + 2		20.	0 + 3	
6.	2 + 2		21.	1 + 3	
7.	3 + 2		22.	2 + 5	
8.	3 + 1		23.	5 + 2	
9.	5 + 1		24.	2 + 6	
10.	6 + 1		25.	6 + 2	
11.	6 + 2		26.	3 + 6	
12.	5 + 2		27.	3 + 7	
13.	6 + 2		28.	2 + 7	
14.	6 + 3		29.	2 + 6	
15.	5 + 3		30.	3 + 6	

ԲԱԺԻՆՆԵՐԻ ՊԱՏՄՈՒԹՅՈՒՆ   Դաս 25 Գիտելիքների ստուգման ձևանմուշ   1•1

Անուն _____ Ամսաթիվ _____

 Մրցավազք դեպի վերև։

0	2	4	6	8	10

Դաս 25 : Լուծե՛ք գումարման խնդիրը, որը ներկայացված է փոփոխված անհայտ մաթեմատիկական պատմություններում գումարման լուծումներով և վերաբերում է հանմանը։ Մոդելավորե՛ք նյութերով և գրեք համապատասխան թվային նախադասությունները։

A

Ճիշտ թիվը.

Անուն ______________________ Ամսաթիվ ______________

*Գրե՛ք այն թիվը, որը 1-ով պակաս է:

1.	5		16.	10	
2.	4		17.	8	
3.	3		18.	11	
4.	5		19.	10	
5.	3		20.	9	
6.	1		21.	1	
7.	4		22.	11	
8.	5		23.	21	
9.	7		24.	4	
10.	6		25.	14	
11.	7		26.	24	
12.	9		27.	10	
13.	8		28.	20	
14.	9		29.	21	
15.	10		30.	31	

ԲԱԺԻՆՆԵՐԻ ՊԱՏՄՈՒԹՅՈՒՆ Դաս 28 Սպրինտ 1•1

B

Ճիշտ թիվը.

Անուն ______________________ Ամսաթիվ ______________

*Գրե՛ք այն թիվը, որը 1-ով պակաս է:

1.	3		16.	10	
2.	2		17.	9	
3.	1		18.	11	
4.	6		19.	9	
5.	4		20.	13	
6.	2		21.	11	
7.	1		22.	1	
8.	3		23.	11	
9.	5		24.	21	
10.	7		25.	5	
11.	10		26.	15	
12.	9		27.	25	
13.	8		28.	20	
14.	6		29.	10	
15.	17		30.	21	

Դաս 28: Լուծե՛ք *անհայտ* մաթեմատիկական պատմություններով համման խնդիրներ՝ կատարելով մաթեմատիկական գծանկարներ, գրելով ճիշտ թվերի նախադասություններ և պնդումներ, օգտագործելով հորիզոնական նշումներ՝ ջնջելու համար այն, ինչ հանվել է:

A

ԲԱԺԻՆՆԵՐԻ ՊԱՏՄՈՒԹՅՈՒՆ

Դաս 33 Սպրինտ 1•1

Ճիշտ թիվը. _____

Գումարում

1.	3 + 1 =	
2.	4 + 1 =	
3.	5 + 1 =	
4.	9 + 1 =	
5.	6 + 1 =	
6.	8 + 1 =	
7.	2 + 1 =	
8.	7 + 1 =	
9.	1 + 7 =	
10.	1 + 9 =	
11.	1 + 6 =	
12.	2 + 2 =	
13.	3 + 2 =	
14.	4 + 2 =	
15.	8 + 2 =	
16.	5 + 2 =	
17.	6 + 2 =	
18.	7 + 2 =	
19.	2 + 7 =	
20.	2 + 8 =	
21.	2 + 5 =	
22.	2 + 6 =	

23.	1 + 2 =	
24.	3 + 6 =	
25.	1 + 8 =	
26.	2 + 3 =	
27.	1 + 4 =	
28.	2 + 4 =	
29.	1 + 3 =	
30.	1 + 5 =	
31.	3 + 3 =	
32.	4 + 3 =	
33.	5 + 3 =	
34.	6 + 3 =	
35.	7 + 3 =	
36.	3 + 7 =	
37.	3 + 4 =	
38.	3 + 5 =	
39.	4 + 4 =	
40.	5 + 4 =	
41.	6 + 4 =	
42.	4 + 6 =	
43.	4 + 5 =	
44.	5 + 5 =	

Դաս 33: Մոդելավորե՛ք 0-ով պակաս և 1-ով պակաս՝ որպես նկար և որպես հանման թվային նախադասություններ:

B

Ճիշտ թիվ. ______

Բարելավում. ______

Գումարում

1.	2 + 1 =			23.	1 + 8 =	
2.	3 + 1 =			24.	3 + 7 =	
3.	4 + 1 =			25.	1 + 5 =	
4.	8 + 1 =			26.	2 + 4 =	
5.	5 + 1 =			27.	1 + 4 =	
6.	7 + 1 =			28.	2 + 3 =	
7.	9 + 1 =			29.	1 + 3 =	
8.	6 + 1 =			30.	1 + 2 =	
9.	1 + 6 =			31.	3 + 3 =	
10.	1 + 9 =			32.	4 + 3 =	
11.	1 + 7 =			33.	5 + 3 =	
12.	2 + 2 =			34.	7 + 3 =	
13.	3 + 2 =			35.	6 + 3 =	
14.	4 + 2 =			36.	3 + 6 =	
15.	7 + 2 =			37.	3 + 5 =	
16.	5 + 2 =			38.	3 + 4 =	
17.	8 + 2 =			39.	4 + 4 =	
18.	6 + 2 =			40.	5 + 4 =	
19.	2 + 6 =			41.	6 + 4 =	
20.	2 + 8 =			42.	4 + 6 =	
21.	2 + 5 =			43.	4 + 5 =	
22.	2 + 7 =			44.	5 + 5 =	

Դաս 33 : Մոդելավորե՛ք 0-ով պակաս և 1-ով պակաս՝ որպես նկար և որպես հանման թվային նախադասություններ: 47

| ԲԱԺԻՆՆԵՐԻ ՊԱՏՄՈՒԹՅՈՒՆ | | Դաս 34 Սպրինտ | 1•1 |

A

Ճիշտ թիվը. _____

Անուն _____ Ամսաթիվ _____

* Գրե՛ք յուրաքանչյուր հանման արտահայտության բացակայող թիվը: Ուշադրություն դարձրե՛ք = նշանին:

1.	2 – 1 = ☐		16.	☐ = 10 – 0	
2.	1 – 1 = ☐		17.	☐ = 10 – 1	
3.	1 – 0 = ☐		18.	☐ = 9 – 1	
4.	3 – 1 = ☐		19.	☐ = 7 – 1	
5.	3 – 0 = ☐		20.	☐ = 6 – 1	
6.	4 – 0 = ☐		21.	☐ = 6 – 0	
7.	4 – 1 = ☐		22.	☐ = 8 – 0	
8.	5 – 1 = ☐		23.	8 – ☐ = 8	
9.	6 – 1 = ☐		24.	☐ – 0 = 8	
10.	6 – 0 = ☐		25.	7 – ☐ = 6	
11.	8 – 0 = ☐		26.	7 = 7 – ☐	
12.	10 – 0 = ☐		27.	9 = 9 – ☐	
13.	9 – 0 = ☐		28.	☐ – 1 = 7	
14.	9 – 1 = ☐		29.	☐ – 0 = 8	
15.	10 – 1 = ☐		30.	9 = ☐ – 1	

Դաս 34 : Մոդելավորեք $n - n$ և $n - (n - 1)$ ՝ նկարի տեսքով և որպես հանման նախադասություններ:

B

ԲԱԺԻՆՆԵՐԻ ՊԱՏՄՈՒԹՅՈՒՆ			Դաս 34 Սպրինտ	1•1	

Անուն _____ Ամսաթիվ _____

ճիշտ թիվը ____

* Գրե՛ք յուրաքանչյուր հանման արտահայտության բացակայող թիվը։ Ուշադրություն դարձրե՛ք = նշանին։

1.	3 − 1 = ☐		16.	☐ = 10 − 1	
2.	2 − 1 = ☐		17.	☐ = 9 − 1	
3.	1 − 1 = ☐		18.	☐ = 7 − 1	
4.	1 − 0 = ☐		19.	☐ = 7 − 0	
5.	2 − 0 = ☐		20.	☐ = 8 − 0	
6.	4 − 0 = ☐		21.	☐ = 10 − 0	
7.	5 − 1 = ☐		22.	☐ = 9 − 1	
8.	7 − 1 = ☐		23.	9 − ☐ = 8	
9.	8 − 1 = ☐		24.	☐ − 1 = 8	
10.	9 − 0 = ☐		25.	7 − ☐ = 6	
11.	10 − 0 = ☐		26.	6 = 7 − ☐	
12.	7 − 0 = ☐		27.	9 = 9 − ☐	
13.	8 − 0 = ☐		28.	☐ − 0 = 9	
14.	10 − 1 = ☐		29.	☐ − 0 = 10	
15.	9 − 1 = ☐		30.	8 = ☐ − 1	

Դաս 34 : Մոդելավորեք $n - n$ և $n - (n - 1)$ `նկարի տեսքով և որպես հանման նախադասություններ։

EUREKA MATH

A

Ճիշտ թիվը.

Անուն ________________________ Ամսաթիվ ______________

Գրե՛ք յուրաքանչյուր հանման արտահայտության բացակայող թիվը: Ուշադրություն դարձրե՛ք = նշանին:

1.	2 – 2 = □		16.	0 = 10 – □	
2.	1 – 1 = □		17.	0 = 9 – □	
3.	1 – 0 = □		18.	0 = 8 – □	
4.	3 – 3 = □		19.	0 = 6 – □	
5.	3 – 2 = □		20.	1 = 6 – □	
6.	4 – 4 = □		21.	1 = 7 – □	
7.	4 – 3 = □		22.	1 = 10 – □	
8.	6 – 6 = □		23.	10 – □ = 1	
9.	7 – 7 = □		24.	□ – 9 = 1	
10.	8 – 8 = □		25.	7 – □ = 0	
11.	8 – 7 = □		26.	0 = 7 – □	
12.	9 – 9 = □		27.	0 = 9 – □	
13.	9 – 8 = □		28.	□ – 8 = 0	
14.	10 – 10 = □		29.	□ – 7 = 1	
15.	10 – 9 = □		30.	1 = □ – 5	

B

Ճիշտ թիվը.

Անուն ______________________ Ամսաթիվ ______________

Գրե՛ք յուրաքանչյուր հանման արտահայտության բացակայող թիվը: Ուշադրություն դարձրե՛ք = նշանին:

1.	3 – 3 = □		16.	0 = 6 – □	
2.	2 – 2 = □		17.	0 = 7 – □	
3.	1 – 1 = □		18.	0 = 8 – □	
4.	1 – 0 = □		19.	0 = 10 – □	
5.	2 – 1 = □		20.	1 = 10 – □	
6.	4 – 3 = □		21.	1 = 9 – □	
7.	5 – 4 = □		22.	1 = 7 – □	
8.	7 – 7 = □		23.	7 – □ = 1	
9.	8 – 8 = □		24.	□ – 6 = 1	
10.	9 – 9 = □		25.	6 – □ = 0	
11.	10 – 10 = □		26.	0 = 6 – □	
12.	10 – 9 = □		27.	0 = 8 – □	
13.	8 – 7 = □		28.	□ – 8 = 0	
14.	6 – 5 = □		29.	□ – 6 = 1	
15.	6 – 6 = □		30.	1 = □ – 6	

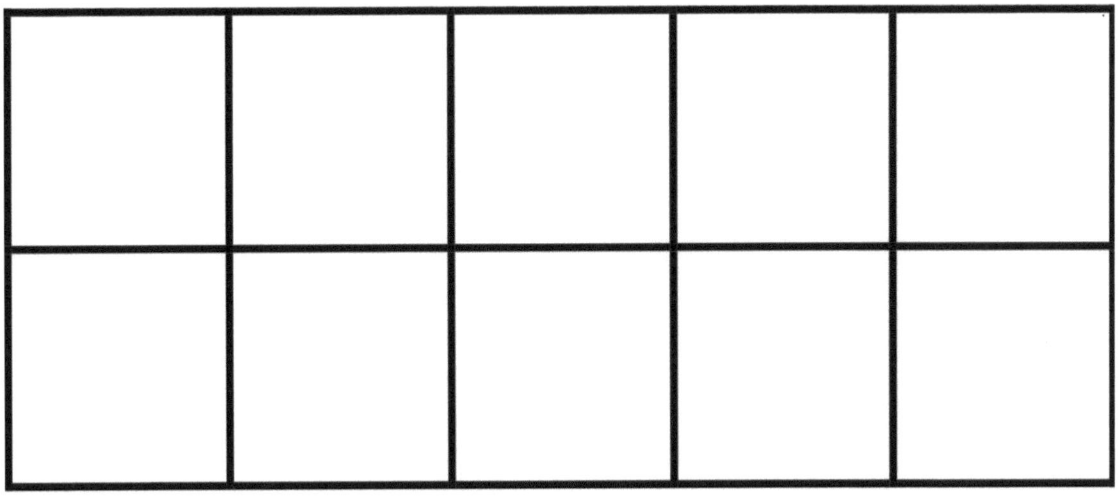

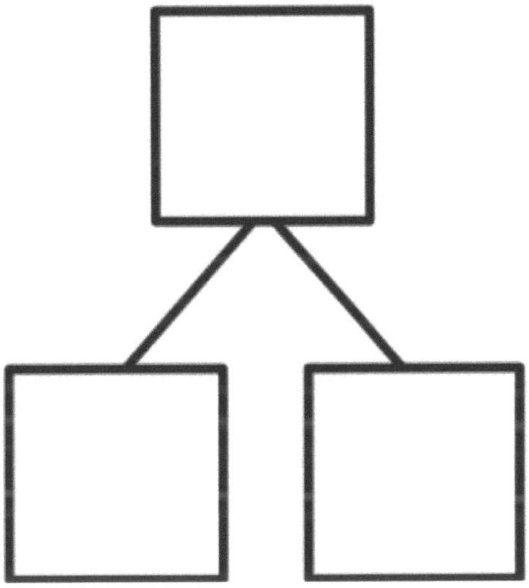

ԲԱԺԻՆՆԵՐԻ ՊԱՏՄՈՒԹՅՈՒՆ   Դաս 36 Գիտելիքների ստուգման ճանաչում   1•1

տասի շրջանակով քարտ

Դաս 36: Հարաբերե՛ք հանումը 10-ից համապատասխան բաժանման գործողությունների հետ:

A

Ճիշտ թիվը.

Անուն ______________________ Ամսաթիվ ____________

*Յուրաքանչյուր թվային արտահայտության համար գրե՛ք բացակայող թիվը: Ուշադրություն դարձրե՛ք + և – նշաններին:

1.	9 + 1 = □		16.	10 – 7 = □	
2.	1 + 9 = □		17.	10 = 7 + □	
3.	10 – 1 = □		18.	10 = 3 + □	
4.	10 – 9 = □		19.	10 = 6 + □	
5.	10 + 0 = □		20.	10 = 4 + □	
6.	0 + 10 = □		21.	10 = 5 + □	
7.	10 – 0 = □		22.	10 - □ = 5	
8.	10 – 10 = □		23.	5 = 10 – □	
9.	8 + 2 = □		24.	6 = 10 – □	
10.	2 + 8 = □		25.	7 = 10 – □	
11.	10 – 2 = □		26.	7 = □ – 3	
12.	10 – 8 = □		27.	4 = 10 – □	
13.	7 + 3 = □		28.	5 = □ – 5	
14.	3 + 7 = □		29.	6 = 10 – □	
15.	10 – 3 = □		30.	7 = □ – 3	

ԲԱԺԻՆՆԵՐԻ ՊԱՏՄՈՒԹՅՈՒՆ Դաս 37 Սպրինտ 1•1

B

Ճիշտ թիվը.

Անուն ____________________ Ամսաթիվ ____________

*Յուրաքանչյուր թվային արտահայտության համար գրե՛ք բացակայող թիվը: Ուշադրություն դարձրե՛ք + և – նշաններին:

1.	8 + 2 = □		16.	10 – 6 = □	
2.	2 + 8 = □		17.	10 = 8 + □	
3.	10 – 2 = □		18.	10 = 7 + □	
4.	10 – 8 = □		19.	10 = 3 + □	
5.	9 + 1 = □		20.	10 = 4 + □	
6.	1 + 9 = □		21.	10 = 5 + □	
7.	10 – 1 = □		22.	10 - □ = 5	
8.	10 – 9 = □		23.	6 = 10 – □	
9.	10 + 0 = □		24.	7 = 10 – □	
10.	0 + 10 = □		25.	8 = 10 – □	
11.	10 – 0 = □		26.	7 = □ – 3	
12.	10 – 10 = □		27.	2 = 10 – □	
13.	6 + 4 = □		28.	4 = □ – 6	
14.	4 + 6 = □		29.	3 = 10 – □	
15.	10 – 4 = □		30.	7 = □ – 3	

Դաս 37 : Հարաբերեք հանումը 9-ից՝ համապատասխան բաժանման գործողությունների հետ: 61

ԲԱԺԻՆՆԵՐԻ ՊԱՏՄՈՒԹՅՈՒՆ   Դաս 39 Սպրինտ   1•1

A
                                                              Ճիշտ թիվը.
Անուն _____   Ամսաթիվ _____

* Գրեք յուրաքանչյուր արտահայտության բացակայող թիվը:

1.	8-ին գումարած 2 հավասար է ☐		16.	11-ը հավասար է 10-ին գումարած ☐	
2.	9-ին գումարած 1 հավասար է ☐		17.	11-ը հավասար է 1-ին գումարած ☐	
3.	7-ին գումարած 3 հավասար է ☐		18.	12-ը հավասար է 2-ին գումարած ☐	
4.	6-ին գումարած ☐ հավասար է 10-ի		19.	11-ը հավասար է ☐ գումարած 1	
5.	4-ին գումարած ☐ հավասար է 10-ի		20.	14-ը հավասար է 10 գումարած ☐	
6.	5-ին գումարած ☐ հավասար է 10-ի		21.	15-ը հավասար է 5 գումարած ☐	
7.	☐ գումարած 5-ը հավասար է 10-ի		22.	18-ը հավասար է 8 գումարած ☐	
8.	13-ը հավասար է 10 գումարած ☐		23.	20-ը հավասար է 10 գումարած ☐	
9.	14-ը հավասար է 10 գումարած ☐		24.	2-ով ավելի 10-ից հավասար է ☐	
10.	16-ը հավասար է 10-ին գումարած ☐		25.	10-ով ավելի 2-ից հավասար է ☐	
11.	17-ը հավասար է 10 գումարած ☐		26.	10-ը պակաս է ☐ 12-ից	
12.	19-ը հավասար է 10 գումարած ☐		27.	10-ը պակաս է ☐ 12-ից	
13.	18-ը հավասար է 10 գումարած ☐		28.	8-ով պակաս 18-ից հավասար է ☐	
14.	12-ը հավասար է 10 գումարած ☐		29.	6-ով պակաս 16-ից հավասար է ☐	
15.	13-ը հավասար է 10 գումարած ☐		30.	10-ով պակաս 20-ից հավասար է ☐	

Դաս 39:   Վերլուծե՛ք գումարման սխեման՝ կազմելու համար համապատասխան գումարման և հանման փաստեր:

63

B

Ճիշտ թիվը. _____

Անուն _____ Ամսաթիվ _____

* Գրեք յուրաքանչյուր արտահայտության բացակայող թիվը:

1.	9-ը գումարած 1 հավասար է ☐		16.	13-ը հավասար է 10 գումարած ☐	
2.	8 գումարած 2 հավասար է ☐		17.	13-ը հավասար է 3 գումարած ☐	
3.	6 գումարած 4 հավասար է ☐		18.	11-ը հավասար է 1 գումարած ☐	
4.	7 գումարած ☐ հավասար է 10		19.	11-ը հավասար է ☐ գումարած 1	
5.	3 գումարած ☐ հավասար է 10		20.	15-ը հավասար է ☐ գումարած 10	
6.	4 գումարած ☐ հավասար է 10		21.	14-ը հավասար է 4 գումարած ☐	
7.	☐ գումարած 5 հավասար է 10-ի		22.	19-ը հավասար է 9 գումարած ☐	
8.	14-ը հավասար է 10 գումարած ☐		23.	20-ը հավասար է 10 գումարած ☐	
9.	13-ը հավասար է 10 գումարած ☐		24.	1-ով ավելի 10-ից հավասար է ☐	
10.	17-ը հավասար է 10 գումարած ☐		25.	10-ով ավելի 1-ից հավասար է ☐	
11.	16-ը հավասար է 10 գումարած ☐		26.	10-ը հավասար է ☐ պակաս 11-ից	
12.	15-ը հավասար է 10 գումարած ☐		27.	10-ը հավասար է ☐ պակաս 14-ից	
13.	19-ը հավասար է 10 գումարած ☐		28.	7-ով պակաս 18-ից հավասար է ☐	
14.	11-ը հավասար է 10-ի և ☐		29.	7-ով պակաս 16-ից հավասար է ☐	
15.	12-ը հավասար է 10 գումարած ☐		30.	10-ով պակաս 20-ից հավասար է ☐	

Դաս 39: Վերլուծե՛ք գումարման սխեման՝ կազմելու համար համապատասխան գումարման և հանման փաստեր:

1-ին դասարան, 2-րդ մոդուլ

Ա

Ճիշտ պատասխան

Անուն ______________________________ ամսաթիվ ______________

* Գումարեք այն թվերը, որ ստացվի տաս:

1.	9 + 1 + 3 = □		16.	6 + 4 + 5 = □	
2.	9 + 1 + 5 = □		17.	6 + 4 + 6 = □	
3.	1 + 9 + 5 = □		18.	4 + 6 + 6 = □	
4.	1 + 9 + 1 = □		19.	4 + 6 + 5 = □	
5.	5 + 5 + 4 = □		20.	4 + 5 + 6 = □	
6.	5 + 5 + 6 = □		21.	5 + 3 + 5 = □	
7.	5 + 5 + 5 = □		22.	6 + 5 + 5 = □	
8.	8 + 2 + 1 = □		23.	1 + 4 + 9 = □	
9.	8 + 2 + 3 = □		24.	9 + 1 + □ = 14	
10.	8 + 2 + 7 = □		25.	8 + 2 + □ = 11	
11.	2 + 8 + 7 = □		26.	□ + 3 + 4 = 13	
12.	7 + 3 + 3 = □		27.	2 + □ + 6 = 16	
13.	7 + 3 + 6 = □		28.	1 + 1 + □ = 11	
14.	7 + 3 + 7 = □		29.	19 = 5 + □ + 9	
15.	3 + 7 + 7 = □		30.	18 = 2 + □ + 6	

EUREKA MATH Դաս 4: Ստացեք տաս, երբ մեկ գումարելին 9 է: 69

ԲԱԺԻՆՆԵՐԻ ՊԱՏՄՈՒԹՅՈՒՆ Դաս 4 Սպրինտ 1•2

Բ

ճիշտ պատասխան

Անուն ____________________ Ամսաթիվ ____________

* Կազմեք տաս՝ գումարելու համար:

1.	5 + 5 + 4 = □		16.	6 + 4 + 2 = □	
2.	5 + 5 + 6 = □		17.	6 + 4 + 3 = □	
3.	5 + 5 + 5 = □		18.	4 + 6 + 3 = □	
4.	9 + 1 + 1 = □		19.	4 + 6 + 6 = □	
5.	9 + 1 + 2 = □		20.	4 + 7 + 6 = □	
6.	9 + 1 + 5 = □		21.	5 + 4 + 5 = □	
7.	1 + 9 + 5 = □		22.	8 + 5 + 5 = □	
8.	1 + 9 + 6 = □		23.	1 + 7 + 9 = □	
9.	8 + 2 + 4 = □		24.	9 + 1 + □ = 11	
10.	8 + 2 + 7 = □		25.	8 + 2 + □ = 12	
11.	2 + 8 + 7 = □		26.	□ + 3 + 4 = 14	
12.	7 + 3 + 7 = □		27.	3 + □ + 7 = 20	
13.	7 + 3 + 8 = □		28.	7 + 8 + □ = 17	
14.	7 + 3 + 9 = □		29.	16 = 3 + □ + 6	
15.	3 + 7 + 9 = □		30.	19 = 2 + □ + 7	

EUREKA MATH Դաս 4: Ստացեք տաս, երբ մեկ գումարելին 9 է: 71

ԲԱԺԻՆՆԵՐԻ ՊԱՏՄՈՒԹՅՈՒՆ　　　　　　　　　　　　Դաս 8　Սպրինտ

ա　　　　　　　　　　　　　　　Ճիշտ պատասխան

Անուն _____　Ամսաթիվ _____

* Գրեք բաց թողնված թիվը։

1.	9 + 1 = ☐		16.	9 + 5 = ☐	
2.	10 + 1 = ☐		17.	9 + 6 = ☐	
3.	9 + 2 = ☐		18.	6 + 9 = ☐	
4.	9 + 1 = ☐		19.	9 + 4 = ☐	
5.	10 + 2 = ☐		20.	4 + 9 = ☐	
6.	9 + 3 = ☐		21.	9 + 8 = ☐	
7.	9 + 1 = ☐		22.	9 + 9 = ☐	
8.	10 + 4 = ☐		23.	9 + ☐ = 18	
9.	9 + 5 = ☐		24.	☐ + 6 = 15	
10.	9 + 1 = ☐		25.	☐ + 6 = 16	
11.	10 + 6 = ☐		26.	13 = 9 + ☐	
12.	9 + 7 = ☐		27.	17 = 8 + ☐	
13.	9 + 1 = ☐		28.	10 + 2 = 9 + ☐	
14.	10 + 8 = ☐		29.	9 + 5 = 10 + ☐	
15.	9 + 9 = ☐		30.	☐ + 7 = 8 + 9	

EUREKA MATH　Դաս 8 :　Ստացեք տաս, երբ մեկ գումարելին 8 է։

Copyright © Great Minds PBC

ԲԱԺԻՆՆԵՐԻ ՊԱՏՄՈՒԹՅՈՒՆ   Դաս 8 Սպրինտ 1•2

Բ

Ճիշտ պատասխան

Անուն _____ Ամսաթիվ _____

* Գրեք բաց թողնված թիվը։

1.	9 + 1 = ☐		16.	5 + 9 = ☐	
2.	10 + 2 = ☐		17.	6 + 9 = ☐	
3.	9 + 3 = ☐		18.	9 + 6 = ☐	
4.	9 + 1 = ☐		19.	9 + 7 = ☐	
5.	10 + 1 = ☐		20.	7 + 9 = ☐	
6.	9 + 2 = ☐		21.	9 + 8 = ☐	
7.	9 + 1 = ☐		22.	9 + 9 = ☐	
8.	10 + 3 = ☐		23.	9 + ☐ = 17	
9.	9 + 4 = ☐		24.	☐ + 5 = 14	
10.	9 + 1 = ☐		25.	☐ + 4 = 14	
11.	10 + 5 = ☐		26.	15 = 9 + ☐	
12.	9 + 6 = ☐		27.	16 = 7 + ☐	
13.	9 + 1 = ☐		28.	10 + 4 = 9 + ☐	
14.	10 + 4 = ☐		29.	9 + 6 = 10 + ☐	
15.	9 + 5 = ☐		30.	☐ + 6 = 7 + 9	

EUREKA MATH   Դաս 8 :   Ստացեք տաս, երբ մեկ գումարելին 8 է։

Copyright © Great Minds PBC

1. 9 + 1 = □	16. 5 + 9 = □	

ԲԱԺԻՆՆԵՐԻ ՊԱՏՄՈՒԹՅՈՒՆ Դաս 11 Սպրինտ 1•2

Ա

ճիշտ պատասխան

Անուն ______________________ Ամսաթիվ ____________

* Գրեք բաց թողնված թիվը:

1.	9 + 2 = □		16.	4 + 8 = □	
2.	9 + 3 = □		17.	8 + 4 = □	
3.	9 + 5 = □		18.	7 + 4 = □	
4.	9 + 4 = □		19.	7 + 5 = □	
5.	8 + 2 = □		20.	7 + 6 = □	
6.	8 + 3 = □		21.	6 + 7 = □	
7.	8 + 5 = □		22.	9 + 9 = □	
8.	8 + 4 = □		23.	9 + □ = 18	
9.	9 + 4 = □		24.	□ + 4 = 13	
10.	8 + 5 = □		25.	□ + 4 = 12	
11.	9 + 5 = □		26.	12 = 3 + □	
12.	8 + 6 = □		27.	16 = 8 + □	
13.	9 + 6 = □		28.	9 + 4 = 8 + □	
14.	6 + 9 = □		29.	9 + 3 = 5 + □	
15.	9 + 6 = □		30.	□ + 7 = 8 + 6	

EUREKA MATH

Դաս 11 : Կիսվեք և քննադատեք ընկերների լուծման ռազմավարությունը *համադրել ընդհանուր հետ անհայտ* բառի հետ կապված խնդիրներ:

Copyright © Great Minds PBC

Բ

Ճիշտ պատասխան

Անուն ______________________ Ամսաթիվ ____________

* Գրեք բաց թողնված թիվը:

1.	9 + 1 = □		16.	3 + 8 = □	
2.	9 + 2 = □		17.	8 + 3 = □	
3.	9 + 4 = □		18.	7 + 3 = □	
4.	9 + 3 = □		19.	7 + 4 = □	
5.	8 + 2 = □		20.	7 + 5 = □	
6.	8 + 3 = □		21.	5 + 7 = □	
7.	8 + 5 = □		22.	8 + 8 = □	
8.	8 + 4 = □		23.	8 + □ = 16	
9.	9 + 4 = □		24.	□ + 3 = 12	
10.	8 + 5 = □		25.	□ + 4 = 12	
11.	9 + 5 = □		26.	12 = 3 + □	
12.	8 + 7 = □		27.	14 = 7 + □	
13.	9 + 7 = □		28.	9 + 3 = 8 + □	
14.	7 + 9 = □		29.	9 + 3 = 5 + □	
15.	9 + 7 = □		30.	□ + 7 = 8 + 5	

Դաս 11 : Կիսվեք և քննադատեք ընկերների լուծման ռազմավարությունը համադրել ընդհանուր հետ անհայտ բառի հետ կապված խնդիրներ:

Name _____ Date _____

Digit Sum Tables

Complete the following tables.

1. $9 + 1 = \square$	16. $3 + 8 = \square$
2. $9 + 2 = \square$	17. $8 + 3 = \square$
3. $9 + 4 = \square$	18. $7 + 3 = \square$
4. $9 + 3 = \square$	19. $7 + 4 = \square$
5. $8 + 2 = \square$	20. $7 + 5 = \square$
6. $8 + 3 = \square$	21. $6 + 7 = \square$
7. $8 + 5 = \square$	22. $6 + 8 = \square$
8. $8 + 7 = \square$	23. $8 + \square = 10$
9. $9 + 4 = \square$	24. $\square + 3 = 12$
10. $8 + 5 = \square$	25. $\square + 4 = 12$
11. $6 + 5 = \square$	26. $12 = 3 + \square$
12. $8 + 7 = \square$	27. $14 = 7 + \square$
13. $9 + 7 = \square$	28. $9 + 3 = 8 + \square$
14. $7 + 3 = \square$	29. $9 + 5 = 5 + \square$
15. $9 + 7 = \square$	30. $\square + 7 = 8 + 5$

EUREKA
MATH

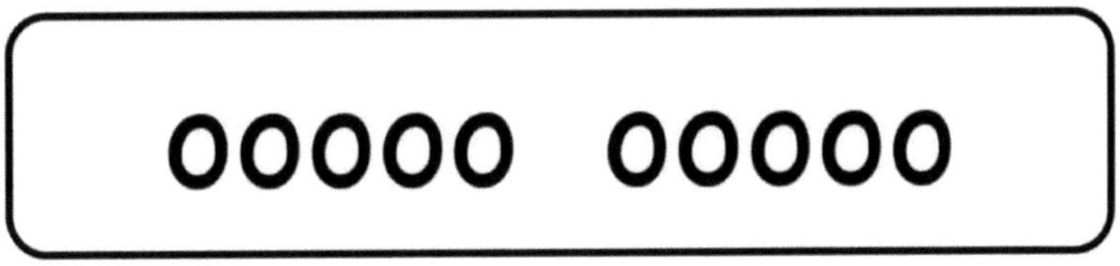

ԲԱԺԻՆՆԵՐԻ ՊԱՏՄՈՒԹՅՈՒՆ   Դաս 12 Սահունության ճյանմուշ 2   1•2

○○○○○ ○○○○○

5-ական խմբերի շարքերի ներմուծում

Դաս 12 :   Լուծեք խնդիրները 10-ից 9-ի հանման հետ:

ԲԱԺԻՆՆԵՐԻ ՊԱՏՄՈՒԹՅՈՒՆ   Դաս 14 Սպրինտ   1•2

Ա

Ճիշտ պատասխան

Անուն _____   Ամսաթիվ _____

* Գրեք բաց թողնված թիվը:

1.	10 − 9 = ☐		16.	10 − ☐ = 5	
2.	10 − 8 = ☐		17.	9 − ☐ = 5	
3.	10 − 6 = ☐		18.	8 − ☐ = 5	
4.	10 − 7 = ☐		19.	10 − ☐ = 3	
5.	10 − 6 = ☐		20.	9 − ☐ = 3	
6.	10 − 5 = ☐		21.	8 − ☐ = 3	
7.	10 − 6 = ☐		22.	☐ − 6 = 4	
8.	10 − 4 = ☐		23.	☐ − 6 = 3	
9.	10 − 3 = ☐		24.	☐ − 6 = 2	
10.	10 − 7 = ☐		25.	10 − 4 = 9 − ☐	
11.	10 − 8 = ☐		26.	8 − 2 = 10 − ☐	
12.	10 − 2 = ☐		27.	8 − ☐ = 10 − 3	
13.	10 − 1 = ☐		28.	9 − ☐ = 10 − 3	
14.	10 − 9 = ☐		29.	10 − 4 = 9 − ☐	
15.	10 − 10 = ☐		30.	☐ − 2 = 10 − 4	

Դաս 14:   9-ի մոդելային հանումը տասից քանոն թվերից:

ԲԱԺԻՆՆԵՐԻ ՊԱՏՄՈՒԹՅՈՒՆ   Դաս 14 Սպրինտ   1•2

Բ

Ճիշտ պատասխան

Անուն _____   Ամսաթիվ _____

* Գրեք բաց թողնված թիվը:

1.	10 – 8 = ☐		16.	10 – ☐ = 0	
2.	10 – 9 = ☐		17.	9 – ☐ = 0	
3.	10 – 8 = ☐		18.	8 – ☐ = 0	
4.	10 – 9 = ☐		19.	10 – ☐ = 1	
5.	10 – 7 = ☐		20.	9 – ☐ = 1	
6.	10 – 9 = ☐		21.	8 – ☐ = 1	
7.	10 – 8 = ☐		22.	☐ – 5 = 5	
8.	10 – 7 = ☐		23.	☐ – 5 = 4	
9.	10 – 3 = ☐		24.	☐ – 5 = 3	
10.	10 – 7 = ☐		25.	10 – 8 = 9 – ☐	
11.	10 – 6 = ☐		26.	8 – 6 = 10 – ☐	
12.	10 – 4 = ☐		27.	8 – ☐ = 10 – 2	
13.	10 – 3 = ☐		28.	9 – ☐ = 10 – 2	
14.	10 – 7 = ☐		29.	10 – 3 = 9 – ☐	
15.	10 – 5 = ☐		30.	☐ – 1 = 10 – 3	

Դաս 14: 9-ի մոդելային հանումը տասից քսանը թվերից:

ԲԱԺԻՆՆԵՐԻ ՊԱՏՄՈՒԹՅՈՒՆ   Դաս 17 Սպրինտ   1•2

ա

Ճիշտ պատասխան

Անուն_____ ամսաթիվ_____

* Գրեք բաց թողնված թիվը։ Ուշադրություն դարձրեք գումարման կամ հանման նշանին։

1.	10 − 9 = ☐		16.	10 − 9 = ☐	
2.	1 + 2 = ☐		17.	11 − 9 = ☐	
3.	10 − 9 = ☐		18.	12 − 9 = ☐	
4.	1 + 3 = ☐		19.	15 − 9 = ☐	
5.	10 − 9 = ☐		20.	14 − 9 = ☐	
6.	1 + 1 = ☐		21.	13 − 9 = ☐	
7.	10 − 9 = ☐		22.	17 − 9 = ☐	
8.	1 + 2 = ☐		23.	18 − 9 = ☐	
9.	12 − 9 = ☐		24.	9 + ☐ = 13	
10.	10 − 9 = ☐		25.	9 + ☐ = 14	
11.	1 + 3 = ☐		26.	9 + ☐ = 16	
12.	13 − 9 = ☐		27.	9 + ☐ = 15	
13.	10 − 9 = ☐		28.	9 + ☐ = 17	
14.	1 + 5 = ☐		29.	9 + ☐ = 18	
15.	15 − 9 = ☐		30.	9 + ☐ = 19	

Դաս 17: Տասից քանը թվերից 8-ի հանման մոդել։

ԲԱԺԻՆՆԵՐԻ ՊԱՏՄՈՒԹՅՈՒՆ   Դաս 17 Սպրինտ 1•2

Բ

Ճիշտ պատասխան

Անուն _____ Ամսաթիվ _____

* Գրեք բաց թողնված թիվը։ Ուշադրություն դարձրեք գումարման կամ հանման նշանին։

1.	10 − 9 = ☐		16.	10 − 9 = ☐	
2.	1 + 1 = ☐		17.	11 − 9 = ☐	
3.	10 − 9 = ☐		18.	13 − 9 = ☐	
4.	1 + 2 = ☐		19.	14 − 9 = ☐	
5.	10 − 9 = ☐		20.	13 − 9 = ☐	
6.	1 + 3 = ☐		21.	12 − 9 = ☐	
7.	10 − 9 = ☐		22.	15 − 9 = ☐	
8.	1 + 4 = ☐		23.	16 − 9 = ☐	
9.	14 − 9 = ☐		24.	9 + ☐ = 12	
10.	10 − 9 = ☐		25.	9 + ☐ = 13	
11.	1 + 3 = ☐		26.	9 + ☐ = 15	
12.	13 − 9 = ☐		27.	9 + ☐ = 14	
13.	10 − 9 = ☐		28.	9 + ☐ = 15	
14.	1 + 2 = ☐		29.	9 + ☐ = 17	
15.	12 − 9 = ☐		30.	9 + ☐ = 16	

Դաս 17: Տասից քանը թվերից 8-ի հանման մոդել։

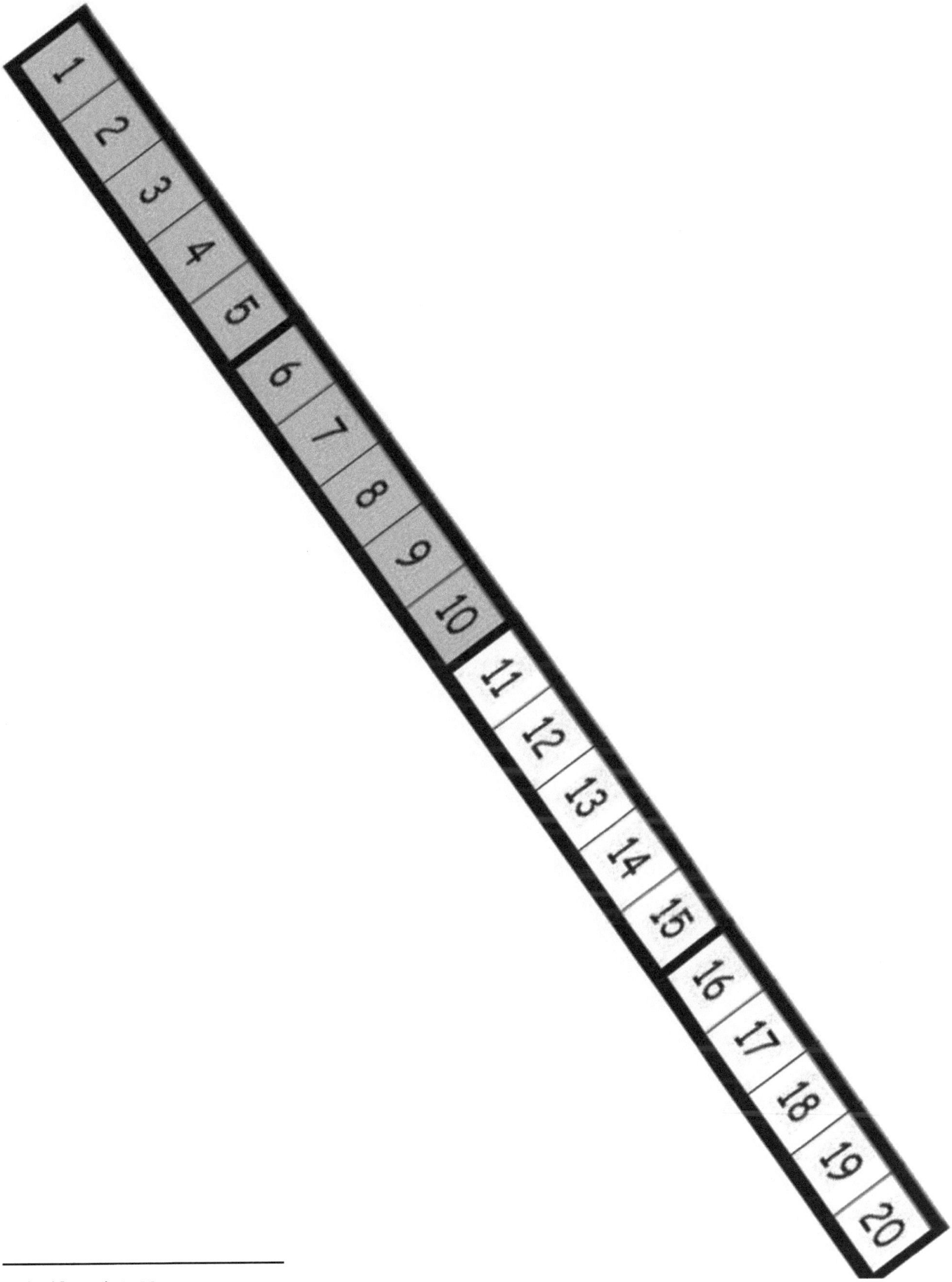

ԲԱԺԻՆՆԵՐԻ ՊԱՏՄՈՒԹՅՈՒՆ
Դաս 18 Սահունության ճյանմուշ 2 1•2

1
2
8
12
18

թվային ուղի 1–20

Դաս 18 : Տասից քանը թվերից 8-ի հանման մոդել: 91

EUREKA MATH

Ա

Ճիշտ պատասխան

Անուն ____________________ Ամսաթիվ ____________

* Գրեք բաց թողնված թիվը: Ուշադրություն դարձրեք գումարման կամ հանման նշանին:

1.	10 – 8 = □		16.	10 – 8 = □	
2.	2 + 2 = □		17.	11 – 8 = □	
3.	10 – 8 = □		18.	12 – 8 = □	
4.	2 + 3 = □		19.	15 – 8 = □	
5.	10 – 8 = □		20.	14 – 8 = □	
6.	2 + 4 = □		21.	13 – 8 = □	
7.	10 – 8 = □		22.	17 – 8 = □	
8.	2 + 1 = □		23.	18 – 8 = □	
9.	11 – 8 = □		24.	8 + □ = 11	
10.	10 – 8 = □		25.	8 + □ = 12	
11.	2 + 2 = □		26.	8 + □ = 15	
12.	12 – 8 = □		27.	8 + □ = 14	
13.	10 – 8 = □		28.	8 + □ = 16	
14.	2 + 5 = □		29.	8 + □ = 17	
15.	15 – 8 = □		30.	8 + □ = 18	

EUREKA MATH Դաս 20: Տասից քանը թվերից հանեք 7, 8 և 9-ը: 93

ԲԱԺԻՆՆԵՐԻ ՊԱՏՄՈՒԹՅՈՒՆ　　　　　Դաս 20 Սպրինտ　1•2

Բ

Ճիշտ պատասխան

Անուն _____　　Ամսաթիվ _____

* Գրեք բաց թողնված թիվը։ Ուշադրություն դարձրեք գումարման կամ հանման նշանին։

1.	10 − 8 = ☐		16.	10 − 8 = ☐	
2.	2 + 1 = ☐		17.	11 − 8 = ☐	
3.	10 − 8 = ☐		18.	13 − 8 = ☐	
4.	2 + 2 = ☐		19.	14 − 8 = ☐	
5.	10 − 8 = ☐		20.	13 − 8 = ☐	
6.	2 + 3 = ☐		21.	12 − 8 = ☐	
7.	10 − 8 = ☐		22.	15 − 8 = ☐	
8.	2 + 2 = ☐		23.	16 − 8 = ☐	
9.	12 − 8 = ☐		24.	8 + ☐ = 10	
10.	10 − 8 = ☐		25.	8 + ☐ = 11	
11.	2 + 3 = ☐		26.	8 + ☐ = 13	
12.	13 − 8 = ☐		27.	8 + ☐ = 12	
13.	10 − 8 = ☐		28.	8 + ☐ = 13	
14.	2 + 2 = ☐		29.	8 + ☐ = 15	
15.	12 − 8 = ☐		30.	8 + ☐ = 16	

Դաս 20: Տասից քանը թվերից հանեք 7, 8 և 9-ը։

Ա

Ճիշտ պատասխան

Անուն ____________________ Ամսաթիվ ____________

* Գրեք բաց թողնված թիվը:

1.	10 – 9 = □		16.	12 – 7 = □	
2.	11 – 9 = □		17.	13 – 7 = □	
3.	13 – 9 = □		18.	14 – 7 = □	
4.	10 – 8 = □		19.	15 – 9 = □	
5.	11 – 8 = □		20.	15 – 8 = □	
6.	13 – 8 = □		21.	15 – 7 = □	
7.	10 – 7 = □		22.	17 – 7 = □	
8.	11 – 7 = □		23.	16 – 7 = □	
9.	13 – 7 = □		24.	17 – 7 = □	
10.	12 – 9 = □		25.	16 – □ = 9	
11.	13 – 9 = □		26.	16 – □ = 8	
12.	14 – 9 = □		27.	17 – □ = 8	
13.	12 – 8 = □		28.	17 – □ = 9	
14.	13 – 8 = □		29.	17 - □ = 16 - 8	
15.	14 – 8 = □		30.	□ – 7 = 17 – 8	

Դաս 21: Կիսվել և քննադատել գործընկերների լուծման ռազմավարությունը վերցնել արդյունքից անհայտ և առանձնացրեք անհայտ գումարելիով տասից բանը թվերով խնդիրներ:

ԲԱԺԻՆՆԵՐԻ ՊԱՏՄՈՒԹՅՈՒՆ   Դաս 21 Սպրինտ   1•2

Բ

Անուն _____   Ամսաթիվ _____

Ճիշտ պատասխան

* Գրեք բաց թողնված թիվը։

1.	10 − 9 = ☐		16.	11 − 7 = ☐	
2.	11 − 9 = ☐		17.	12 − 7 = ☐	
3.	12 − 9 = ☐		18.	15 − 7 = ☐	
4.	10 − 8 = ☐		19.	15 − 9 = ☐	
5.	11 − 8 = ☐		20.	15 − 8 = ☐	
6.	12 − 8 = ☐		21.	15 − 7 = ☐	
7.	10 − 7 = ☐		22.	15 − 8 = ☐	
8.	11 − 7 = ☐		23.	16 − 8 = ☐	
9.	12 − 7 = ☐		24.	16 − 7 = ☐	
10.	11 − 9 = ☐		25.	16 − ☐ = 9	
11.	12 − 9 = ☐		26.	16 − ☐ = 8	
12.	15 − 9 = ☐		27.	16 − ☐ = 7	
13.	11 − 8 = ☐		28.	16 − ☐ = 9	
14.	12 − 8 = ☐		29.	16 − ☐ = 15 − 8	
15.	15 − 8 = ☐		30.	☐ − 8 = 15 − 7	

EUREKA MATH

Դաս 21: Կիսվել և քննադատել գործընկերների լուծման ռազմավարությունը վերցնել արդյունքից անհայտ և առանձնացրեք անհայտ գումարելիով տասից քսանը թվերով խնդիրներ։

99

Ա

Ճիշտ պատասխան

Անուն ______________________ Ամսաթիվ ______________

* Գրեք բաց թողնված թիվը:

1.	2 + □ = 3		16.	2 + □ = 8	
2.	1 + □ = 3		17.	4 + □ = 8	
3.	□ + 1 = 3		18.	8 = □ + 6	
4.	□ + 2 = 4		19.	8 = 3 + □	
5.	3 + □ = 4		20.	□ + 3 = 9	
6.	1 + □ = 4		21.	2 + □ = 9	
7.	1 + □ = 5		22.	9 = □ + 1	
8.	4 + □ = 5		23.	9 = 4 + □	
9.	3 + □ = 5		24.	2 + 2 + □ = 9	
10.	3 + □ = 6		25.	2 + 2 + □ = 8	
11.	□ + 2 = 6		26.	3 + □ + 3 = 9	
12.	0 + □ = 6		27.	3 + □ + 2 = 9	
13.	1 + □ = 7		28.	5 + 3 = □ + 4	
14.	□ + 5 = 7		29.	□ + 4 = 1 + 5	
15.	□ + 4 = 7		30.	3 + □ = 2 + 6	

Դաս 22: Լուծել *հավաքվել / առանձնացնել* անհայտ գումարելիով խնդիրներ և վերաբերում են տասը ռազմավարությունից հենվելուն:

ԲԱԺԻՆՆԵՐԻ ՊԱՏՄՈՒԹՅՈՒՆ Դաս 22 Սպրինտ

Բ

ճիշտ պատասխան

Անուն _____ Ամսաթիվ _____

* Գրեք բաց թողնված թիվը։

1.	$1 + \square = 3$		16.	$3 + \square = 8$	
2.	$0 + \square = 3$		17.	$2 + \square = 8$	
3.	$\square + 3 = 3$		18.	$8 = \square + 1$	
4.	$\square + 2 = 4$		19.	$8 = 4 + \square$	
5.	$3 + \square = 4$		20.	$\square + 2 = 9$	
6.	$4 + \square = 4$		21.	$4 + \square = 9$	
7.	$4 + \square = 5$		22.	$9 = \square + 5$	
8.	$1 + \square = 5$		23.	$9 = 6 + \square$	
9.	$2 + \square = 5$		24.	$1 + 5 + \square = 9$	
10.	$4 + \square = 6$		25.	$3 + 2 + \square = 8$	
11.	$\square + 2 = 6$		26.	$2 + \square + 6 = 9$	
12.	$3 + \square = 6$		27.	$3 + \square + 4 = 9$	
13.	$3 + \square = 7$		28.	$5 + 4 = \square + 6$	
14.	$\square + 4 = 7$		29.	$\square + 3 = 6 + 2$	
15.	$\square + 5 = 7$		30.	$4 + \square = 2 + 7$	

Ա

Ճիշտ պատասխան

Անուն ______________________ Ամսաթիվ ______________

* Գրեք բաց թողնված թիվը:

1.	2 + □ = 3		16.	2 + □ = 8	
2.	1 + □ = 3		17.	4 + □ = 8	
3.	□ + 1 = 3		18.	8 = □ + 6	
4.	□ + 2 = 4		19.	8 = 3 + □	
5.	3 + □ = 4		20.	□ + 3 = 9	
6.	1 + □ = 4		21.	2 + □ = 9	
7.	1 + □ = 5		22.	9 = □ + 1	
8.	4 + □ = 5		23.	9 = 4 + □	
9.	3 + □ = 5		24.	2 + 2 + □ = 9	
10.	3 + □ = 6		25.	2 + 2 + □ = 8	
11.	□ + 2 = 6		26.	3 + □ + 3 = 9	
12.	0 + □ = 6		27.	3 + □ + 2 = 9	
13.	1 + □ = 7		28.	5 + 3 = □ + 4	
14.	□ + 5 = 7		29.	□ + 4 = 1 + 5	
15.	□ + 4 = 7		30.	3 + □ = 2 + 6	

Դաս 23: Լուծել *ոգումարումը փոփոխությամբ անհայտ* խնդիրներում՝ կապված գումարման և հանման ռազմավարությունների հետ:

Բ

Ճիշտ պատասխան

Անուն ______________________ Ամսաթիվ ______________

* Գրեք բաց թողնված թիվը:

1.	1 + □ = 3		16.	3 + □ = 8	
2.	0 + □ = 3		17.	2 + □ = 8	
3.	□ + 3 = 3		18.	8 = □ + 1	
4.	□ + 2 = 4		19.	8 = 4 + □	
5.	3 + □ = 4		20.	□ + 2 = 9	
6.	4 + □ = 4		21.	4 + □ = 9	
7.	4 + □ = 5		22.	9 = □ + 5	
8.	1 + □ = 5		23.	9 = 6 + □	
9.	2 + □ = 5		24.	1 + 5 + □ = 9	
10.	4 + □ = 6		25.	3 + 2 + □ = 8	
11.	□ + 2 = 6		26.	2 + □ + 6 = 9	
12.	3 + □ = 6		27.	3 + □ + 4 = 9	
13.	3 + □ = 7		28.	5 + 4 = □ + 6	
14.	□ + 4 = 7		29.	□ + 3 = 6 + 2	
15.	□ + 5 = 7		30.	4 + □ = 2 + 7	

EUREKA MATH

Դաս 23: Լուծել ոգումարումը փոփոխությամբ անհայտ խնդիրներում՝ կապված գումարման և հանման ռազմավարությունների հետ:

Copyright © Great Minds PBC

ԲԱԺԻՆՆԵՐԻ ՊԱՏՄՈՒԹՅՈՒՆ   Դաս 24 Սպրինտ 1•2

ա

Ճիշտ պատասխան

Անուն _____   Ամսաթիվ _____

* Գրեք բաց թողնված թիվը։

#			#		
1.	2 – □ = 1		16.	6 – □ = 2	
2.	2 – □ = 2		17.	6 – □ = 3	
3.	2 – □ = 0		18.	6 – □ = 4	
4.	3 – □ = 2		19.	7 – □ = 3	
5.	3 – □ = 1		20.	7 – □ = 2	
6.	3 – □ = 0		21.	7 – □ = 1	
7.	3 – □ = 3		22.	8 – □ = 2	
8.	4 – □ = 4		23.	8 – □ = 3	
9.	4 – □ = 3		24.	4 = 8 – □	
10.	4 – □ = 2		25.	2 = 9 – □	
11.	4 – □ = 1		26.	3 = 9 – □	
12.	5 – □ = 0		27.	4 = 9 – □	
13.	5 – □ = 1		28.	10 – 3 = 9 – □	
14.	5 – □ = 2		29.	9 – □ = 10 – 5	
15.	5 – □ = 3		30.	9 – □ = 10 – 6	

Դաս 24: Ռազմավարություն մշակեք՝ լուծելու համար *վերցնելը անհայտ փոփոխությամբ* խնդիրներում։

Բ

ԲԱԺԻՆՆԵՐԻ ՊԱՏՄՈՒԹՅՈՒՆ   Դաս 24 Սպրինտ   1•2

Ճիշտ պատասխան

Անուն _____ Ամսաթիվ _____

* Գրեք բաց թողնված թիվը։

1.	2 − ☐ = 2		16.	6 − ☐ = 3	
2.	2 − ☐ = 1		17.	6 − ☐ = 4	
3.	2 − ☐ = 0		18.	6 − ☐ = 5	
4.	3 − ☐ = 3		19.	7 − ☐ = 4	
5.	3 − ☐ = 2		20.	7 − ☐ = 3	
6.	3 − ☐ = 1		21.	7 − ☐ = 2	
7.	3 − ☐ = 0		22.	8 − ☐ = 3	
8.	4 − ☐ = 4		23.	8 − ☐ = 4	
9.	4 − ☐ = 3		24.	5 = 8 − ☐	
10.	4 − ☐ = 2		25.	3 = 9 − ☐	
11.	4 − ☐ = 1		26.	4 = 9 − ☐	
12.	5 − ☐ = 5		27.	5 = 9 − ☐	
13.	5 − ☐ = 4		28.	10 − 4 = 9 − ☐	
14.	5 − ☐ = 3		29.	9 − ☐ = 10 − 6	
15.	5 − ☐ = 2		30.	9 − ☐ = 10 − 5	

Դաս 24: Ռազմավարություն մշակեք՝ լուծելու համար *վերցնելը անհայտ փոփոխությամբ* խնդիրներում։

Ա

Ճիշտ պատասխան

Անուն ____________________ Ամսաթիվ ____________

* Գրեք բաց թողնված թիվը:

1.	□ = 4 + 1		16.	7 + 3 = 4 + □	
2.	□ = 4 + 2		17.	6 + 4 = 5 + □	
3.	□ = 4 + 3		18.	5 + 5 = 6 + □	
4.	□ = 5 + 1		19.	5 + 3 = □ + 1	
5.	□ = 5 + 2		20.	5 + 4 = □ + 5	
6.	□ = 5 + 3		21.	4 + 5 = □ + 5	
7.	□ = 6 + 1		22.	2 + □ = 6 + 2	
8.	8 = 7 + □		23.	4 + □ = 5 + 3	
9.	9 = 8 + □		24.	□ + 4 = 5 + 2	
10.	9 = □ + 1		25.	□ + 6 = 4 + 3	
11.	9 = □ + 9		26.	4 + 2 = 1 + □	
12.	8 = □ + 1		27.	3 + 4 = □ + 2	
13.	□ = 7 + 1		28.	4 + 4 = 2 + □	
14.	10-ը = 8-ի + □		29.	3 + □ = 2 + 7	
15.	10 = □ + 8		30.	□ + 2 = 2 + 6	

Բ

Ճիշտ պատասխան

Անուն ______________________ Ամսաթիվ ______________

* Գրեք բաց թողնված թիվը:

1.	□ = 3 + 1		16.	5 + 5 = 4 + □	
2.	□ = 3 + 2		17.	6 + 4 = 7 + □	
3.	□ = 3 + 3		18.	3 + 7 = 8 + □	
4.	□ = 4 + 1		19.	5 + 2 = □ + 1	
5.	□ = 4 + 2		20.	5 + 3 = □ + 5	
6.	□ = 4 + 3		21.	4 + 4 = □ + 4	
7.	□ = 5 + 1		22.	3 + □ = 6 + 3	
8.	8 = 1 + □		23.	4 + □ = 5 + 4	
9.	9 = 1 + □		24.	□ + 4 = 2 + 5	
10.	8 = □ + 7		25.	□ + 6 = 3 + 4	
11.	8 = □ + 8		26.	4 + 3 = 1 + □	
12.	7 = □ + 1		27.	4 + 4 = □ + 2	
13.	□ = 6 + 1		28.	4 + 5 = 2 + □	
14.	10 = 9 + □		29.	3 + □ = 2 + 6	
15.	10 = □ + 9		30.	□ + 2 = 2 + 7	

EUREKA MATH

Դաս 25 : Ռազմավարություններ մշակեք և կիրառեք հավասար նշանի ըմբռնում՝ համարժեք արտահայտություններ լուծելու համար:

Copyright © Great Minds PBC

ԲԱԺԻՆՆԵՐԻ ՊԱՏՄՈՒԹՅՈՒՆ   Դաս 27 Սպրինտ 1•2

ա   Ճիշտ պատասխան

Անուն _____   Ամսաթիվ _____

* Գրեք բաց թողնված թիվը:

1.	10 + 3 = ☐		16.	10 + ☐ = 11	
2.	10 + 2 = ☐		17.	10 + ☐ = 12	
3.	10 + 1 = ☐		18.	5 + ☐ = 15	
4.	1 + 10 = ☐		19.	4 + ☐ = 14	
5.	4 + 10 = ☐		20.	☐ + 10 = 17	
6.	6 + 10 = ☐		21.	17 − ☐ = 7	
7.	10 + 7 = ☐		22.	16 − ☐ = 6	
8.	8 + 10 = ☐		23.	18 − ☐ = 8	
9.	12 − 10 = ☐		24.	☐ − 10 = 8	
10.	11 − 10 = ☐		25.	☐ − 10 = 9	
11.	10 − 10 = ☐		26.	1 + 1 + 10 = ☐	
12.	13 − 10 = ☐		27.	2 + 2 + 10 = ☐	
13.	14 − 10 = ☐		28.	2 + 3 + 10 = ☐	
14.	15 − 10 = ☐		29.	4 + ☐ + 3 = 17	
15.	18 − 10 = ☐		30.	☐ + 5 + 10 = 18	

Դաս 27 : Լուծեք գումարման և հանման խնդիրները ՝տարրալուծելով և կազմելով տասից քսան թվերը որպես 1 տասնյակ և մի քանի միավոր:

ԲԱԺԻՆՆԵՐԻ ՊԱՏՄՈՒԹՅՈՒՆ   Դաս 27 Սպրինտ   1•2

Բ

Ճիշտ պատասխան

Անուն _____ Ամսաթիվ _____

*Գրեք բաց թողնված թիվը։

1.	10 + 1 = ☐		16.	10 + ☐ = 10	
2.	10 + 2 = ☐		17.	10 + ☐ = 11	
3.	10 + 3 = ☐		18.	2 + ☐ = 12	
4.	4 + 10 = ☐		19.	3 + ☐ = 13	
5.	5 + 10 = ☐		20.	☐ + 10 = 13	
6.	6 + 10 = ☐		21.	13 − ☐ = 3	
7.	10 + 8 = ☐		22.	14 − ☐ = 4	
8.	8 + 10 = ☐		23.	16 − ☐ = 6	
9.	10 − 10 = ☐		24.	☐ − 10 = 6	
10.	11 − 10 = ☐		25.	☐ − 10 = 8	
11.	12 − 10 = ☐		26.	2 + 1 + 10 = ☐	
12.	13 − 10 = ☐		27.	3 + 2 + 10 = ☐	
13.	15 − 10 = ☐		28.	2 + 3 + 10 = ☐	
14.	17 − 10 = ☐		29.	4 + ☐ + 4 = 18	
15.	19 − 10 = ☐		30.	☐ + 6 + 10 = 19	

EUREKA MATH

Դաս 27 : Լուծեք գումարման և հանման խնդիրները ՝տարրալուծելով և կազմելով տասից քսան թվերը որպես 1 տասնյակ և մի քանի միավոր:

Copyright © Great Minds PBC

ա

ԲԱԺԻՆՆԵՐԻ ՊԱՏՄՈՒԹՅՈՒՆ — Դաս 28 Սպրինտ 1•2

Ճիշտ պատասխան

Անուն _____ Ամսաթիվ _____

* Գրեք բաց թողնված թիվը։

1.	10 + 2 = ☐		16.	12 + 3 = ☐	
2.	2 + 1 = ☐		17.	13 + 3 = ☐	
3.	10 + 3 = ☐		18.	14 + 3 = ☐	
4.	4 + 10 = ☐		19.	13 + 5 = ☐	
5.	4 + 2 = ☐		20.	14 + 5 = ☐	
6.	6 + 10 = ☐		21.	15 + 5 = ☐	
7.	10 + 3 = ☐		22.	4 + 14 = ☐	
8.	3 + 3 = ☐		23.	4 + 15 = ☐	
9.	10 + 6 = ☐		24.	12 + ☐ = 14	
10.	2 + 1 = ☐		25.	12 + ☐ = 15	
11.	12 + 1 = ☐		26.	12 + ☐ = 16	
12.	2 + 2 = ☐		27.	☐ + 4 = 16	
13.	12 + 2 = ☐		28.	5 + ☐ = 16	
14.	3 + 3 = ☐		29.	5 + ☐ = 26	
15.	13 + 3 = ☐		30.	4 + ☐ = 36	

Դաս 28: Լուծեք գումարման խնդիրներ `օգտագործելով տասը որպես միա վոր և գրեք երկբայլանիլուծումներ։

Բ

ԲԱԺԻՆՆԵՐԻ ՊԱՏՄՈՒԹՅՈՒՆ — Դաս 28 Սպրինտ

Ճիշտ պատասխան

Անուն _____ Ամսաթիվ _____

* Գրեք բաց թողնված թիվը:

№	Խնդիր		№	Խնդիր	
1.	10 + 1 = ☐		16.	12 + 2 = ☐	
2.	1 + 1 = ☐		17.	13 + 2 = ☐	
3.	10 + 2 = ☐		18.	14 + 2 = ☐	
4.	3 + 10 = ☐		19.	13 + 4 = ☐	
5.	3 + 2 = ☐		20.	14 + 4 = ☐	
6.	5 + 10 = ☐		21.	15 + 4 = ☐	
7.	10 + 2 = ☐		22.	5 + 14 = ☐	
8.	2 + 2 = ☐		23.	5 + 15 = ☐	
9.	10 + 4 = ☐		24.	11 + ☐ = 12	
10.	2 + 1 = ☐		25.	11 + ☐ = 13	
11.	12 + 1 = ☐		26.	11 + ☐ = 14	
12.	1 + 1 = ☐		27.	☐ + 3 = 14	
13.	11 + 1 = ☐		28.	6 + ☐ = 19	
14.	3 + 2 = ☐		29.	6 + ☐ = 29	
15.	13 + 2 = ☐		30.	5 + ☐ = 39	

Դասարան 1
Մոդուլ 3

ՄԻԱՎՈՐՆԵՐԻ ՊԱՏՄՈՒԹՅՈՒՆ　　　　　　　　　　Դաս 1 Սպրինտ

Ա

Ճիշտ պատասխան

Անուն _____　　ամսաթիվ _____

*Գրեք պակասող թիվը:

1.	3 – 3 = ☐		16.	13 – 1 = ☐	
2.	13 – 3 = ☐		17.	13 – 2 = ☐	
3.	3 – 2 = ☐		18.	14 – 3 = ☐	
4.	13 – 2 = ☐		19.	14 – 4 = ☐	
5.	4 – 2 = ☐		20.	14 – 10 = ☐	
6.	14 – 2 = ☐		21.	17 – 5 = ☐	
7.	4 – 3 = ☐		22.	17 – 6 = ☐	
8.	14 – 3 = ☐		23.	17 – 10 = ☐	
9.	14 – 10 = ☐		24.	8 – ☐ = 5	
10.	7 – 6 = ☐		25.	18 – ☐ = 15	
11.	17 – 6 = ☐		26.	18 – ☐ = 13	
12.	17 – 10 = ☐		27.	19 – ☐ = 12	
13.	6 – 3 = ☐		28.	☐ – 2 = 17	
14.	16 – 3 = ☐		29.	17 – 3 = 16 – ☐	
15.	16 – 10 = ☐		30.	19 – 6 = ☐ – 5	

Դաս 1.　Համեմատե՛ք երկարությունը ուղղակիորեն և մտածե՛ք վերջին կետերը հավասարեցնելու մասին

ՄԻԱՎՈՐՆԵՐԻ ՊԱՏՄՈՒԹՅՈՒՆ   Դաս 1 Սպրինտ

Բ   Ճիշտ պատասխան

Անուն _____   Ամսաթիվ _____

*Գրեք պակասող թիվը:

1.	2 – 2 = ☐		16.	14 – 1 = ☐	
2.	12 – 2 = ☐		17.	14 – 2 = ☐	
3.	2 – 1 = ☐		18.	15 – 3 = ☐	
4.	12 – 1 = ☐		19.	15 – 4 = ☐	
5.	3 – 3 = ☐		20.	15 – 10 = ☐	
6.	13 – 3 = ☐		21.	18 – 5 = ☐	
7.	3 – 2 = ☐		22.	18 – 6 = ☐	
8.	13 – 2 = ☐		23.	18 – 10 = ☐	
9.	13 – 10 = ☐		24.	7 – ☐ = 5	
10.	6 – 5 = ☐		25.	17 – ☐ = 15	
11.	16 – 5 = ☐		26.	17 – ☐ = 13	
12.	16 – 10 = ☐		27.	19 – ☐ = 13	
13.	4 – 2 = ☐		28.	☐ – 3 = 16	
14.	14 – 2 = ☐		29.	17 – 4 = 16 – ☐	
15.	14 – 10 = ☐		30.	19 – 7 = ☐ – 6	

Դաս 1.   Համեմատե՛ք երկարությունը ուղղակիորեն և մտածե՛ք վերջին կետերը հավասարեցնելու մասին

Ա

ճիշտ պատասխան

Անուն ______________________ Ամսաթիվ ______________

*Գրեք պակասող թիվը: Ուշադրություն դարձրեք + և – նշաններին:

1.	5 + 2 = □		16.	13 + 6 = □	
2.	15 + 2 = □		17.	3 + 16 = □	
3.	2 + 5 = □		18.	19 – 2 = □	
4.	12 + 5 = □		19.	19 – 7 = □	
5.	7 – 2 = □		20.	4 + 15 = □	
6.	17 – 2 = □		21.	14 + 5 = □	
7.	7 – 5 = □		22.	18 – 6 = □	
8.	17 – 5 = □		23.	18 – 2 = □	
9.	4 + 3 = □		24.	13 + □ = 19	
10.	14 + 3 = □		25.	□ – 6 = 13	
11.	3 + 4 = □		26.	14 + □ = 19	
12.	13 + 4 = □		27.	□ – 4 = 15	
13.	7 – 4 = □		28.	□ – 5 = 14	
14.	17 – 4 = □		29.	13 + 4 = 19 – □	
15.	17 – 3 = □		30.	18 – 6 = □ + 3	

ՄԻԱՎՈՐՆԵՐԻ ՊԱՏՄՈՒԹՅՈՒՆ   Դաս 3 Սպրինտ

Բ

ճիշտ պատասխան

Անուն _____   Ամսաթիվ _____

*Գրեք պակասող թիվը։ Ուշադրություն դարձրեք + և − նշաններին:

1.	5 + 1 = ☐		16.	12 + 7 = ☐	
2.	15 + 1 = ☐		17.	2 + 17 = ☐	
3.	1 + 5 = ☐		18.	18 − 2 = ☐	
4.	11 + 5 = ☐		19.	18 − 6 = ☐	
5.	6 − 1 = ☐		20.	3 + 16 = ☐	
6.	16 − 1 = ☐		21.	13 + 6 = ☐	
7.	6 − 5 = ☐		22.	17 − 4 = ☐	
8.	16 − 5 = ☐		23.	17 − 3 = ☐	
9.	4 + 5 = ☐		24.	12 + ☐ = 18	
10.	14 + 5 = ☐		25.	☐ − 6 = 12	
11.	5 + 4 = ☐		26.	13 + ☐ = 19	
12.	15 + 4 = ☐		27.	☐ − 3 = 16	
13.	9 − 4 = ☐		28.	☐ − 3 = 17	
14.	19 − 4 = ☐		29.	11 + 6 = 19 − ☐	
15.	19 − 5 = ☐		30.	19 − 5 = ☐ + 3	

ՄԻԱՎՈՐՆԵՐԻ ՊԱՏՄՈՒԹՅՈՒՆ Դաս 5 Սպրինտ 1•3

Ա

ճիշտ պատասխան

Անուն ______________________ Ամսաթիվ ______________

*Գրեք պակասող թիվը:

1.	17 – 1 = □		16.	19 – 9 = □	
2.	15 – 1 = □		17.	18 – 9 = □	
3.	19 – 1 = □		18.	11 – 9 = □	
4.	15 – 2 = □		19.	16 – 5 = □	
5.	17 – 2 = □		20.	15 – 5 = □	
6.	18 – 2 = □		21.	14 – 5 = □	
7.	18 – 3 = □		22.	12 – 5 = □	
8.	18 – 5 = □		23.	12 – 6 = □	
9.	17 – 5 = □		24.	14 – □ = 11	
10.	19 – 5 = □		25.	14 – □ = 10	
11.	17 – 7 = □		26.	14 – □ = 9	
12.	18 – 7 = □		27.	15 – □ = 9	
13.	19 – 7 = □		28.	□ – 7 = 9	
14.	19 – 2 = □		29.	19 – 5 = 16 – □	
15.	19 – 7 = □		30.	15 – 8 = □ – 9	

ՄԻԱՎՈՐՆԵՐԻ ՊԱՏՄՈՒԹՅՈՒՆ Դաս 5 Սպրինտ 1•3

Բ Ճիշտ պատասխան

Անուն _____ Ամսաթիվ _____

*Գրեք պակասող թիվը:

1.	16 – 1 = ☐		16.	19 – 9 = ☐	
2.	14 – 1 = ☐		17.	18 – 9 = ☐	
3.	18 – 1 = ☐		18.	12 – 9 = ☐	
4.	19 – 2 = ☐		19.	19 – 8 = ☐	
5.	17 – 2 = ☐		20.	18 – 8 = ☐	
6.	15 – 2 = ☐		21.	17 – 8 = ☐	
7.	15 – 3 = ☐		22.	14 – 5 = ☐	
8.	17 – 5 = ☐		23.	13 – 5 = ☐	
9.	19 – 5 = ☐		24.	12 – ☐ = 7	
10.	16 – 5 = ☐		25.	16 – ☐ = 10	
11.	16 – 6 = ☐		26.	16 – ☐ = 9	
12.	19 – 6 = ☐		27.	17 – ☐ = 9	
13.	17 – 6 = ☐		28.	☐ – 7 = 9	
14.	17 – 1 = ☐		29.	19 – 4 = 17 – ☐	
15.	17 – 6 = ☐		30.	16 – 8 = ☐ – 9	

Դաս 5. Վերանվանե՛ք և չափեք սանտիմետր խորանարդով՝ օգտագործելով սանտիմետրի ստանդարտ անվանումը

ՄԻԱՎՈՐՆԵՐԻ ՊԱՏՄՈՒԹՅՈՒՆ Դաս 7 Սպրինտ

ա

Ճիշտ պատասխան

Անուն _____ Ամսաթիվ _____

*Գրեք պակասող թիվը։

1.	17 + 1 = ☐		16.	11 + 9 = ☐	
2.	15 + 1 = ☐		17.	10 + 9 = ☐	
3.	18 + 1 = ☐		18.	9 + 9 = ☐	
4.	15 + 2 = ☐		19.	7 + 9 = ☐	
5.	17 + 2 = ☐		20.	8 + 8 = ☐	
6.	18 + 2 = ☐		21.	7 + 8 = ☐	
7.	15 + 3 = ☐		22.	8 + 5 = ☐	
8.	5 + 13 = ☐		23.	11 + 8 = ☐	
9.	15 + 2 = ☐		24.	12 + ☐ = 17	
10.	5 + 12 = ☐		25.	14 + ☐ = 17	
11.	12 + 4 = ☐		26.	8 + ☐ = 17	
12.	13 + 4 = ☐		27.	☐ + 7 = 16	
13.	3 + 14 = ☐		28.	☐ + 7 = 15	
14.	17 + 2 = ☐		29.	9 + 5 = 10 + ☐	
15.	12 + 7 = ☐		30.	7 + 8 = ☐ + 9	

EUREKA MATH Դաս 7. Չափեք նույն առարկաները Topic B-ից՝ տարբեր ոչ ստանդարտ միավորներով՝ միաժամանակ հաշվի առեք հաստատուն միավորով չափելու անհրաժեշտությունը

Copyright © Great Minds PBC

1. 17 + 1 = ☐
2. 15 + 1 = ☐
3. 18 + 1 = ☐
4. 15 + 2 = ☐
5. 17 + 2 = ☐
6. 18 + 2 = ☐
7. 15 + 3 = ☐
8. 5 + 13 = ☐
9. 15 + 2 = ☐
10. 5 + 12 = ☐
11. 12 + 4 = ☐
12. 13 + 4 = ☐
13. 3 + 14 = ☐
14. 12 + 2 = ☐
15. 12 + 7 = ☐

16. 9 + 11 = ☐
17. 10 + 9 = ☐
18. 9 + 9 = ☐
19. 9 + 7 = ☐
20. 8 + 8 = ☐
21. 7 + 8 = ☐
22. 8 + 5 = ☐
23. 11 + 8 = ☐
24. 12 + ☐ = 17
25. ☐ + 13 = 17
26. 5 + ☐ = 17
27. ☐ + 7 = 16
28. ☐ + 7 = 15
29. 5 + 5 = 10 + ☐
30. 7 + 8 = ☐ + 9

Բ

ճիշտ պատասխան

Անուն ______________________ Ամսաթիվ ____________

*Գրեք պակասող թիվը:

1.	14 + 1 = □		16.	11 + 9 = □	
2.	16 + 1 = □		17.	10 + 9 = □	
3.	17 + 1 = □		18.	8 + 9 = □	
4.	11 + 2 = □		19.	9 + 9 = □	
5.	15 + 2 = □		20.	9 + 8 = □	
6.	17 + 2 = □		21.	8 + 8 = □	
7.	15 + 4 = □		22.	8 + 5 = □	
8.	4 + 15 = □		23.	11 + 7 = □	
9.	15 + 3 = □		24.	12 + □ = 18	
10.	5 + 13 = □		25.	14 + □ = 18	
11.	13 + 4 = □		26.	8 + □ = 18	
12.	14 + 4 = □		27.	□ + 5 = 14	
13.	4 + 14 = □		28.	□ + 6 = 15	
14.	16 + 3 = □		29.	9 + 6 = 10 + □	
15.	13 + 6 = □		30.	6 + 7 = □ + 9	

ՄԻԱՎՈՐՆԵՐԻ ՊԱՏՄՈՒԹՅՈՒՆ   Դաս 9 Սպրինտ   1•3

ա

Ճիշտ պատասխան

Անուն _____   Ամսաթիվ _____

*Գրեք պակասող թիվը։

1.	17 + 1 = ☐		16.	11 + 9 = ☐	
2.	15 + 1 = ☐		17.	10 + 9 = ☐	
3.	18 + 1 = ☐		18.	9 + 9 = ☐	
4.	15 + 2 = ☐		19.	7 + 9 = ☐	
5.	17 + 2 = ☐		20.	8 + 8 = ☐	
6.	18 + 2 = ☐		21.	7 + 8 = ☐	
7.	15 + 3 = ☐		22.	8 + 5 = ☐	
8.	5 + 13 = ☐		23.	11 + 8 = ☐	
9.	15 + 2 = ☐		24.	12 + ☐ = 17	
10.	5 + 12 = ☐		25.	14 + ☐ = 17	
11.	12 + 4 = ☐		26.	8 + ☐ = 17	
12.	13 + 4 = ☐		27.	☐ + 7 = 16	
13.	3 + 14 = ☐		28.	☐ + 7 = 15	
14.	17 + 2 = ☐		29.	9 + 5 = 10 + ☐	
15.	12 + 7 = ☐		30.	7 + 8 = ☐ + 9	

Դաս 9. Պատասխանե՛ք, համեմատե՛ք անհայտ տարբերությամբ խնդիրները՝ երկու տարբեր առարկաների երկարության վերաբերյալ, որոնք չափվել են սանտիմետրով

ՄԻԱՎՈՐՆԵՐԻ ՊԱՏՄՈՒԹՅՈՒՆ — Դաս 9 Սպրինտ

Բ

Ճիշտ պատասխան

Անուն _____ Ամսաթիվ _____

*Գրեք պակասող թիվը:

1.	14 + 1 = ☐		16.	11 + 9 = ☐	
2.	16 + 1 = ☐		17.	10 + 9 = ☐	
3.	17 + 1 = ☐		18.	8 + 9 = ☐	
4.	11 + 2 = ☐		19.	9 + 9 = ☐	
5.	15 + 2 = ☐		20.	9 + 8 = ☐	
6.	17 + 2 = ☐		21.	8 + 8 = ☐	
7.	15 + 4 = ☐		22.	8 + 5 = ☐	
8.	4 + 15 = ☐		23.	11 + 7 = ☐	
9.	15 + 3 = ☐		24.	12 + ☐ = 18	
10.	5 + 13 = ☐		25.	14 + ☐ = 18	
11.	13 + 4 = ☐		26.	8 + ☐ = 18	
12.	14 + 4 = ☐		27.	☐ + 5 = 14	
13.	4 + 14 = ☐		28.	☐ + 6 = 15	
14.	16 + 3 = ☐		29.	9 + 6 = 10 + ☐	
15.	13 + 6 = ☐		30.	6 + 7 = ☐ + 9	

Դաս 9. Պատասխանե՛ք, համեմատե՛ք անհայտ տարբերությամբ խնդիրները՝ երկու տարբեր առարկաների երկարության վերաբերյալ, որոնք չափվել են սանտիմետրով

| ՄԻԱՎՈՐՆԵՐԻ ՊԱՏՄՈՒԹՅՈՒՆ | | Դաս 11 Սպրինտ | 1•3 |

Ա

Ճիշտ պատասխան

Անուն _____ Ամսաթիվ _____

*Գրեք պակասող թիվը։

1.	17 – 1 = ☐		16.	19 – 9 = ☐	
2.	15 – 1 = ☐		17.	18 – 9 = ☐	
3.	19 – 1 = ☐		18.	11 – 9 = ☐	
4.	15 – 2 = ☐		19.	16 – 5 = ☐	
5.	17 – 2 = ☐		20.	15 – 5 = ☐	
6.	18 – 2 = ☐		21.	14 – 5 = ☐	
7.	18 – 3 = ☐		22.	12 – 5 = ☐	
8.	18 – 5 = ☐		23.	12 – 6 = ☐	
9.	17 – 5 = ☐		24.	14 – ☐ = 11	
10.	19 – 5 = ☐		25.	14 – ☐ = 10	
11.	17 – 7 = ☐		26.	14 – ☐ = 9	
12.	18 – 7 = ☐		27.	15 – ☐ = 9	
13.	19 – 7 = ☐		28.	☐ – 7 = 9	
14.	19 – 2 = ☐		29.	19 – 5 = 16 – ☐	
15.	19 – 7 = ☐		30.	15 – 8 = ☐ – 9	

ՄԻԱՎՈՐՆԵՐԻ ՊԱՏՄՈՒԹՅՈՒՆ Դաս 11 Սպրինտ 1•3

Բ

ճիշտ պատասխան

Անուն ______________________ Ամսաթիվ ______________

*Գրեք պակասող թիվը:

1.	16 – 1 = □		16.	19 – 9 = □	
2.	14 – 1 = □		17.	18 – 9 = □	
3.	18 – 1 = □		18.	12 – 9 = □	
4.	19 – 2 = □		19.	19 – 8 = □	
5.	17 – 2 = □		20.	18 – 8 = □	
6.	15 – 2 = □		21.	17 – 8 = □	
7.	15 – 3 = □		22.	14 – 5 = □	
8.	17 – 5 = □		23.	13 – 5 = □	
9.	19 – 5 = □		24.	12 – □ = 7	
10.	16 – 5 = □		25.	16 – □ = 10	
11.	16 – 6 = □		26.	16 – □ = 9	
12.	19 – 6 = □		27.	17 – □ = 9	
13.	17 – 6 = □		28.	□ – 7 = 9	
14.	17 – 1 = □		29.	19 – 4 = 17 – □	
15.	17 – 6 = □		30.	16 – 8 = □ – 9	

EUREKA MATH

Դաս 11. Հավաքե՛ք, տեսակավորե՛ք և կազմակերպեք տվյալները, այնուհետև հարցրե՛ք և պատասխանե՛ք հարցերին տվյալների կետերի թվի վերաբերյալ

ՄԻԱՎՈՐՆԵՐԻ ՊԱՏՄՈՒԹՅՈՒՆ   Դաս 13 Սպրինտ

ա

Ճիշտ պատասխան

Անուն _____ Ամսաթիվ _____

*Գրեք պակասող թիվը։

1.	9 + 1 + 3 = ☐		16.	6 + 3 + 8 = ☐	
2.	9 + 2 + 1 = ☐		17.	5 + 9 + 4 = ☐	
3.	5 + 5 + 3 = ☐		18.	3 + 12 + 4 = ☐	
4.	5 + 2 + 5 = ☐		19.	3 + 11 + 5 = ☐	
5.	4 + 5 + 5 = ☐		20.	5 + 6 + 7 = ☐	
6.	8 + 2 + 4 = ☐		21.	2 + 6 + 3 = ☐	
7.	8 + 3 + 2 = ☐		22.	3 + 2 + 13 = ☐	
8.	12 + 2 + 2 = ☐		23.	3 + 13 + 3 = ☐	
9.	3 + 3 + 12 = ☐		24.	9 + 1 + ☐ = 14	
10.	4 + 4 + 5 = ☐		25.	8 + 4 + ☐ = 16	
11.	2 + 15 + 2 = ☐		26.	☐ + 8 + 6 = 19	
12.	7 + 3 + 3 = ☐		27.	2 + ☐ + 7 = 18	
13.	1 + 17 + 1 = ☐		28.	2 + 2 + ☐ = 18	
14.	14 + 2 + 2 = ☐		29.	19 = 6 + ☐ + 9	
15.	4 + 12 + 4 = ☐		30.	18 = 7 + ☐ + 6	

Դաս 13. Հարցրե՛ք և պատասխանե՛ք տարբեր բառային խնդիրների տվյալների համալիրի վերաբերյալ, որոնք կազմակերպված են երեք կատեգորիաներով

ՄԻԱՎՈՐՆԵՐԻ ՊԱՏՄՈՒԹՅՈՒՆ   Դաս 13 Սպրինտ

Բ

ճիշտ պատասխան

Անուն _____   Ամսաթիվ _____

*Գրեք պակասող թիվը:

1.	9 + 1 + 2 = ☐		16.	6 + 3 + 9 = ☐
2.	9 + 4 + 1 = ☐		17.	4 + 9 + 2 = ☐
3.	5 + 5 + 1 = ☐		18.	2 + 12 + 4 = ☐
4.	5 + 3 + 5 = ☐		19.	2 + 11 + 5 = ☐
5.	4 + 5 + 5 = ☐		20.	6 + 6 + 7 = ☐
6.	8 + 2 + 2 = ☐		21.	2 + 6 + 5 = ☐
7.	8 + 3 + 2 = ☐		22.	3 + 3 + 13 = ☐
8.	11 + 1 + 1 = ☐		23.	3 + 14 + 3 = ☐
9.	2 + 2 + 14 = ☐		24.	9 + 1 + ☐ = 13
10.	4 + 4 + 4 = ☐		25.	8 + 4 + ☐ = 15
11.	2 + 13 + 2 = ☐		26.	☐ + 8 + 6 = 18
12.	6 + 3 + 3 = ☐		27.	2 + ☐ + 6 = 18
13.	1 + 15 + 1 = ☐		28.	2 + 5 + ☐ = 18
14.	15 + 2 + 2 = ☐		29.	19 = 5 + ☐ + 9
15.	3 + 14 + 3 = ☐		30.	19 = 7 + ☐ + 6

Հավաստագիր

Great Minds®-ը գործադրել բոլոր ջանքերը՝ հեղինակային իրավունքով պաշտպանված բոլոր նյութերի վերատպման թույլտվությունը ստանալու համար: Եթե հեղինակային իրավունքով պաշտպանված սույն նյութում որևէ սեփականատեր նշված չի, խնդրում ենք ճանաչման համար կապ հաստատել «Great Minds»-ի հետ՝ այս մոդուլի հետագա բոլոր հրատարակված և վերատպված տարբերակներում:

Printed by Libri Plureos GmbH in Hamburg,
Germany

9 781649 291639